中国工程院重大咨询项目
中国农业资源环境若干战略问题研究

农业结构调整卷
新时代中国农业结构调整战略研究

唐华俊 罗其友 刘 洋 等 著

中国农业出版社
北 京

图书在版编目（CIP）数据

中国工程院重大咨询项目·中国农业资源环境若干战略问题研究. 农业结构调整卷：新时代中国农业结构调整战略研究/唐华俊等著. —北京：中国农业出版社，2019.8
ISBN 978-7-109-25355-1

Ⅰ. ①中… Ⅱ. ①唐… Ⅲ. ①农业资源-研究报告-中国 ②农业环境-研究报告-中国 ③农业经济结构-经济结构调整-研究-中国 Ⅳ. ①F323.2 ②X322.2 ③F321

中国版本图书馆CIP数据核字（2019）第053431号

农业结构调整卷：新时代中国农业结构调整战略研究
NONGYE JIEGOU TIAOZHENG JUAN：XINSHIDAI ZHONGGUO NONGYE JIEGOU TIAOZHENG ZHANLÜE YANJIU

审图号：GS（2018）6810号

中国农业出版社
地址：北京市朝阳区麦子店街18号楼
邮编：100125
责任编辑：孙鸣凤
版式设计：北京八度出版服务机构
责任校对：沙凯霖
印刷：北京通州皇家印刷厂
版次：2019年8月第1版
印次：2019年8月北京第1次印刷
发行：新华书店北京发行所
开本：889mm×1194mm 1/16
印张：11
字数：200千字
定价：120.00元

本书著者名单

唐华俊　中国工程院院士，中国农业科学院院长、研究员

罗其友　中国农业科学院农业资源与农业区划研究所研究员

刘　洋　中国农业科学院农业资源与农业区划研究所副研究员

尤　飞　中国农业科学院农业资源与农业区划研究所研究员

周振亚　中国农业科学院农业资源与农业区划研究所副研究员

高明杰　中国农业科学院农业资源与农业区划研究所副研究员

姜文来　中国农业科学院农业资源与农业区划研究所研究员

易小燕　中国农业科学院农业资源与农业区划研究所副研究员

吴文斌　中国农业科学院农业资源与农业区划研究所研究员

杨其长　中国农业科学院都市农业研究所研究员

郭静利　中国农业科学院农业经济与发展研究所研究员

陶　陶　中国农业科学院农业资源与农业区划研究所副研究员

朱　聪　国务院发展研究中心信息中心助理研究员

米　健　中国社会科学院农村发展研究所副研究员

马力阳　中国农业科学院农业资源与农业区划研究所博士生

栗欣如　中国农业科学院农业资源与农业区划研究所博士生

伦闰琪　中国农业科学院农业资源与农业区划研究所硕士生

刘子萱　中国农业科学院农业资源与农业区划研究所硕士生

　　近年来，中央高度关注"三农"工作。截至2016年，中央1号文件已连续13年聚焦农业发展。经过历史上几个阶段的结构调整，伴随着农村深化改革的推进以及农业结构调整政策的不断完善，我国农业生产结构进一步改善。特别是自2004年以来，主要农产品生产全面发展、供给充裕、品种不断改善、品质不断提升，农业区域、产业结构更趋合理，农民收入持续增长。目前，我国经济进入"新常态"，农业发展也步入新阶段。随着农业发展环境发生深刻变化，新老问题叠加积累，农业发展仍然面临不少困难和挑战。一是农业综合生产成本快速上涨，农产品利润下降。2003年以来，三种粮食（水稻、小麦、玉米）平均生产成本不断上涨，从2003年的亩均生产成本324.30元增长到2015年872.28元，增长了1.69倍。其中，一方面，受煤炭、天然气等原材料价格上涨的影响，国内市场化肥价格不断提升；另一方面，农民工资水平的上升拉动人工成本迅速提高，从2008年开始，人工成本不断增长，人工成本占生产成本的比重由2008年的37.81%增长到2013年首次超过50%，2015年达到51.27%。另外，土地成本10年间也增长了2.87倍。这些情况表明，我国农业生产已经进入了高成本阶段。二是农产品供求结构矛盾日益突出，"买难""卖难"问题并存。目前我国玉米库存高达2.4亿t以上，库存消费比上升到150%以上，玉米出现了阶段性的供大于求。与此同时，随着人民生活水平的提高，对植物油、畜产品的消费越来越大，因此对大豆的需求增长非常

快。但由于大豆在我国属于低产作物，且经济收益不高，农户种植意愿降低，供给不断下降，需求量远远超过生产水平。另外，随着消费结构升级，消费者对农产品的需求由吃得饱转向吃得好、吃得健康，市场上高端优质农产品往往供不应求，而低端"大路货"却频频出现滞销现象。三是对外依存度加深，产业安全形势严峻。随着经济全球化和贸易自由化的深入发展，国际上农业资源要素流动频繁，国际市场大宗农产品价格下降，以不同程度低于我国同类产品价格，导致进口持续增加，成本"地板"上升与价格"天花板"下压给我国农业持续发展带来双重挤压。例如，2015年我国大豆对外依存度已超过85%，保障国家粮食安全的任务面临严峻挑战。

新形势下，农业的主要矛盾已由总量不足转变为结构性矛盾。以确保国家粮食安全为前提，以数量质量效益并重、竞争力增强、可持续发展为主攻方向，以布局优化、产业融合、品质提升、循环利用为重点，科学确定主要农产品自给水平和产业发展优先顺序，更加注重市场导向和政策支持，更加注重深化改革和科技驱动，更加注重服务和法治保障，加快构建粮经饲统筹、种养加一体、农牧渔结合的现代农业结构，走产出高效、产品安全、资源节约、环境友好的现代农业发展道路，推进农业供给侧结构性改革，成为当前我国农业发展的重要任务。

本书著者

2018年3月

目 录

C O N T E N T S

前言

第一章
农业生产结构与区域布局演变特征

第二章
农业结构的现状与问题

第三章
主要农产品供求现状与需求预测

第四章
主要农产品国际竞争力与进口潜力

第五章
农业结构优化方案

第六章
促进农业结构优化的政策建议

第一章
农业生产结构与区域布局演变特征

一、种植业结构与区域布局

（一）粮食作物

1．发展概况

（1）1978年以来，我国粮食播种面积略有下降，总产量实现翻番

1978年以来，我国粮食总产量持续增长，截至2015年，实现了"十二连增"。粮食总产从1978年的30 476万t增加到2015年的62 144万t，增加了103.91%，年均增长1.94%（图1-1）。由于改革开放以来城镇化和工业化水平的快速增长，我国农用地面积持续减小，粮食作物播种面积从1978年的12 058.7万hm²减少到2015年的11 334.2万hm²，减幅为6.01%。

（2）粮食产量实现翻番的根本原因在于单产的提高，1978年以来单产提高116.9%，单产增速有所放缓

近年来，随着我国农业科学的不断进步和技术水平的显著提高，粮食作物在种植面积缩小的情况下，产量大幅度提高，其主要原因在于单产水平快速增长。我国粮食单产由1978年的168kg／亩[①]增加到2015年的366kg／亩，增长了116.9%，年均增长2.11%。由于受到技术瓶颈的限制，单产增速呈现出逐渐放缓的迹象，已经由1979年的10.18%降低到2015年的1.81%。

（3）人均粮食占有量显著提升，但人均耕地面积下降

人均粮食占有量从1978年的317kg增加到2015年的452kg，增加了42.79%。在人口不断增加和粮食播种面积减小的双重压力下，人均耕地面积持续减少，从1978年的0.125hm²降低到2015年的0.082hm²，降低了34.2%。

（4）玉米产量增加是粮食总产量增加的主要原因

1978—2015年，我国粮食总产量增加31 667.42万t，其中玉米增加16 868.66万t，占到粮食增产的53.3%；其次是小麦和稻谷，分别占粮食增产的24.1%和22.5%。

---

① 亩为非法定计量单位，1亩＝1/15hm²。下同。——编者注

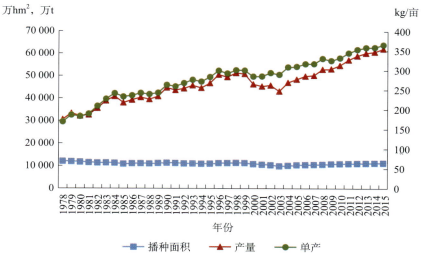

图1-1　1978—2015年我国粮食播种面积、总产量和单产变化

2．生产结构

（1）我国农作物播种面积不断增加，粮食作物播种面积比重下降，非粮食作物面积增长明显

1978—2015年，我国农作物播种面积由15 010.4万hm²增加到16 637.4万hm²，共增加10.84%。在粮食作物播种面积略有下降的情况下，农作物播种面积的增加主要来源于非粮作物播种面积的提升。近40年来，非粮食作物面积由2 951.69万hm²增加到5 303.09万hm²，增加了79.66%。粮食作物面积占比由1978年的80.34%降低到2015年的68.13%，降低了12.21个百分点，而非粮食作物面积比重则由19.66%增加到31.87%（图1-2）。在非粮食作物中，蔬菜播种面积增幅最大，从1978年的2.22%上升到2015

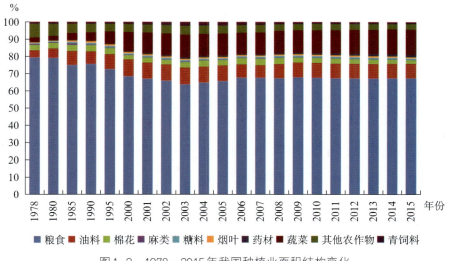

图1-2　1978—2015年我国种植业面积结构变化

年的13.22%，提高了11个百分点；油料作物和糖料作物面积比重也有所增加，棉花和麻类作物比重不断减小。

（2）从粮食作物种植结构来看，玉米、稻谷和小麦三大作物占粮食作物生产比重越来越大

玉米、稻谷和小麦三大作物面积比重由1978年的69.30%增长到2015年的81.59%，提高了12.29个百分点（图1-3）。从产量来看，三大作物产量占粮食作物产量的比重已经由1978年的80.95%增长到2015年的90.60%。可以明显看到，三大作物在我国粮食生产中的主体地位进一步加强（图1-4）。

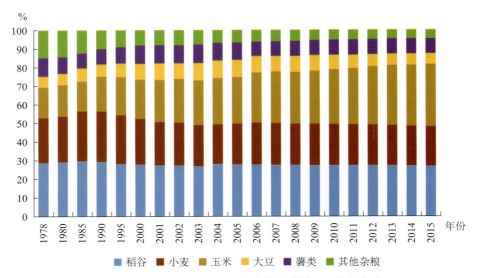

图1-3　1978—2015年我国粮食作物种植面积结构变化

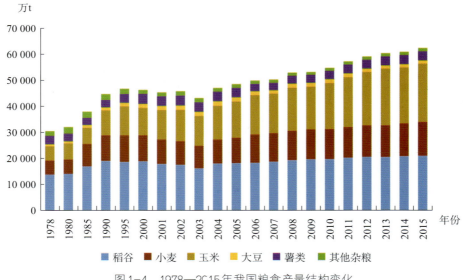

图1-4　1978—2015年我国粮食产量结构变化

在畜牧业和玉米深加工业快速发展的带动作用下，玉米在我国的生产地位不断提高，已经超越小麦和稻谷，成为面积占比最大的粮食作物。1978年以来，我国玉米种植面积占比呈现在波动中上升的趋势，总面积由1978年的1 996.11万hm²增加到2015年的3 811.93万hm²，占粮食作物面积比重也由16.55%增长到33.63%，玉米超越小麦和稻谷，成为面积比重最大的粮食作物。从产量看，玉米产量占粮食作物产量的比重也由1978年的18.36%增长到2015年的36.15%，产量增幅达到301.52%。

稻谷种植面积减少，产量有所增加，在三大谷物中地位稳中有降。1978—2015年，我国稻谷种植面积略有下降，由1978年的3 442.09万hm²减少到2015年的3 021.57万hm²，减少了12.22%；种植面积占粮食播种面积比重也由28.54%降低到26.66%。从产量看，由1978年的13 693.00万t增长到2015年的20 822.52万t，增幅52.07%。虽然稻谷产量有所增长，但涨幅较玉米和小麦低，占粮食作物产量比重也由44.93%降低到33.51%。

小麦在三大作物中种植面积减幅最大，占比最小，产量占比有所提升。1978年以来，我国小麦种植面积由2 918.26万hm²减少到2 414.14万hm²，减少了17.28个百分点，是三大作物中面积减少幅度最大的作物，也是目前三大作物中种植面积最小的作物，占粮食作物面积比重由24.20%降到21.30%。从产量看，1978年以来小麦产量实现了翻番，增产幅度达到141.80%，增幅在三大作物中仅次于玉米，占粮食作物产量的比重由1978年的17.67%增加到2015年的20.95%，在三大作物中比重最小。

大豆种植面积呈现出先上升后下降趋势，产量维持在1 000万t。1978—2005年我国大豆面积由1978年的714.37万hm²增加至959.08万hm²；2005年以后，受外国大豆的冲击，我国大豆种植面积持续下降，2015年全国大豆种植面积下滑至650.61万hm²，较2005年减少32.2个百分点。从产量看，大豆产量从1978年的756.50万t增加至2004年的1 740.15万t，达到改革开放以来的最高值；此后，我国大豆产量持续下滑，2015年全国大豆总产量为1 178.50万t，较2004年下滑32.3个百分点。

薯类面积占粮食面积比重有所下降，但马铃薯面积增加明显。1978年以来，我国薯类作物种植面积从1 179.63万hm²降低到2015年的883.88万hm²，降幅超过四分之一。与此同时，马铃薯种植面积却实现翻番，从245.44万hm²增加到551.82万hm²，增幅达到124.83%。从产量看，薯类作物产量总体稳中有升，马铃薯产量增加较快，从476.5万t增加到1 897.2万t，涨幅达到298.15%，这与多年来马铃薯种质资源不断得到

改良和优化密不可分。

杂粮①种植面积缩减明显，占粮食作物面积比重大幅下滑。1978年以来，我国杂粮种植面积不断下降，从1 808.26万hm²降低到552.17万hm²，降幅达到69.46%，占粮食作物面积比重也由15.00%降低到4.87%，是粮食作物中占比最少的品种。其中，高粱种植面积下降最为明显，从345.77万hm²降低到57.40万hm²，降低了83.40%，占粮食作物面积比重从2.87%降低到0.51%。从产量看，也呈现在波动中下降的趋势，从1978年的1 874.5万t降低到2015年的1 335.16万t，降低了28.77%。

3. 区域布局

(1) 我国粮食生产重心北移东进，生产格局基本形成

1978—2015年，我国粮食生产空间分布呈现"北移东进"的趋势（图1-5）。粮食生产重心经度、纬度坐标分别由1978年的东经113.75°、北纬33.66°，变化为2015年的东经114.11°、北纬34.80°。说明改革开放以来，我国粮食种植规模呈现出由西向东、自南向北迁移的趋势。

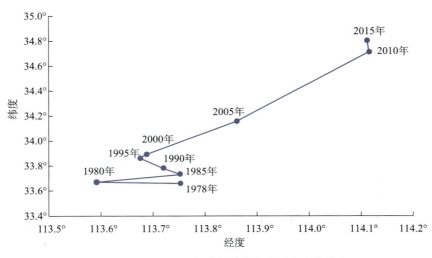

图1-5　1978—2015年我国粮食生产重心变化轨迹

东南区②粮食作物种植面积大幅下降。从区域来看，1978—2015年，除了东北区和蒙新区粮食作物种植面积增加，其余7个大区粮食作物面积均呈缩小的态势（图1-6、

---

① 本书中杂粮是指水稻、小麦、玉米、大豆和薯类五大作物以外的粮食作物。

② 本书将全国分为九大区域，其中京津区，包括北京、天津2个直辖市；东南区，包括上海、浙江、福建、广东、海南5个省（直辖市）；东北区，包括辽宁、吉林、黑龙江3个省；冀鲁豫区，包括河北、河南、山东3个省；长江中下游区，包括江苏、安徽、湖北、湖南、江西5个省；黄土高原区，包括山西、陕西、甘肃3个省；蒙新区，包括内蒙古、宁夏、新疆3个自治区；青藏区，包括青海、西藏2个省（自治区）；西南区，包括四川、重庆、贵州、云南、广西5个省（自治区、直辖市）。

图1-7）。其中，面积下降最为显著的是东南区，从1978年的1 254.21万hm²下降到2015年的551.45万hm²，降幅达到56.03%。虽然京津区降幅（60.91%）大于东南区，但由于其基数较小（2015年种植面积为45.45万hm²），且在国家发展中的定位主要不在于承担粮食供给功能，因此对全国粮食格局影响不大。东南区沪、浙、粤、闽、琼粮食种植面积均出现下降，且是全国除京、津外降幅较高的省份，降幅分别达到68.37%、61.86%、56.98%、46.07%、41.50%。

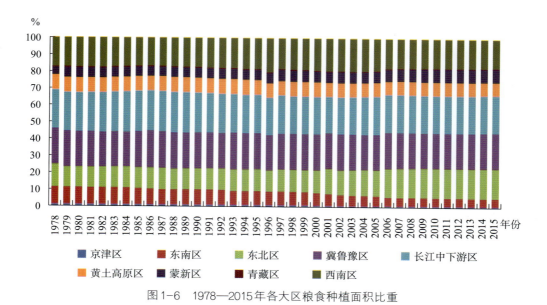

图1-6　1978—2015年各大区粮食种植面积比重

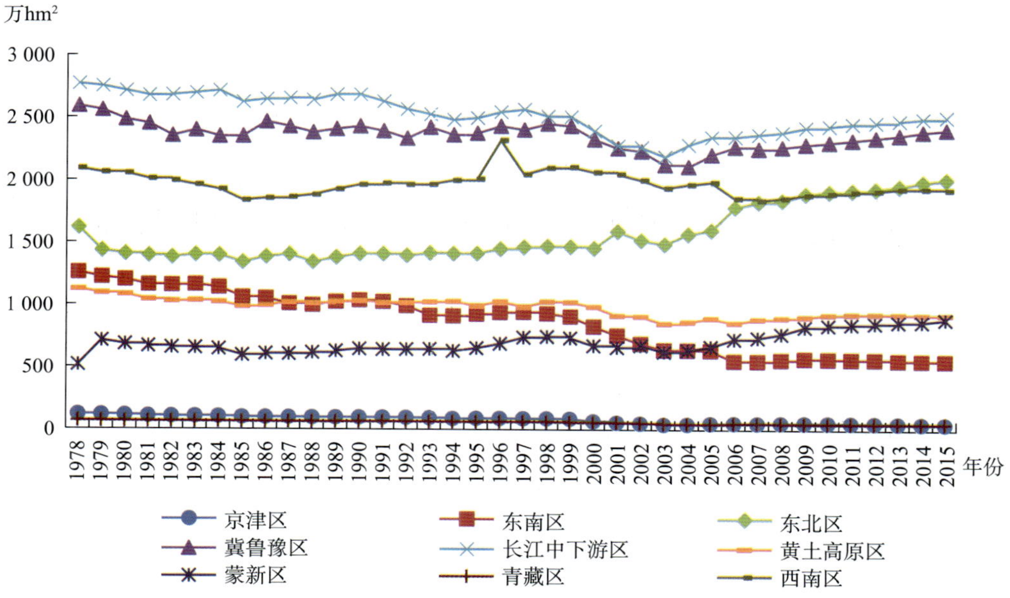

图1-7　1978—2015年各大区粮食种植面积变化

东北区和蒙新区粮食种植面积扩大是"北移东进"的重要原因。1978—2015年，只有东北区和蒙新区粮食面积有所增加，分别增加了376.35万hm²和401.20万hm²，增幅分别为24.88%和73.38%。分省来看，涨幅最大的省份是内蒙古，面积由202.40万hm²增长到572.67万hm²，增幅达到182.94%；东北三省中辽宁粮食面积有所下降，黑龙江和吉林均上涨，黑龙江涨幅较大，达到53.85%。

粮食种植向产粮大省集中，非主产区产量持续下降。2015年粮食种植面积前两位的省份是黑龙江和和河南，二者占全国粮食种植面积比重分别由1978年的6.31%、7.53%增长到10.38%和9.06%，分别上涨了4.07个和1.53个百分点。分省来看，粮食主产区逐渐向东、向北移动。1978年种植面积前十位分别为川、豫、鲁、冀、黑、苏、皖、湘、粤、鄂，2015年为黑、豫、鲁、皖、川、冀、内蒙古、苏、吉、湘。排名靠后的京、沪、藏、青、津、琼、宁等非粮食主产区，粮食种植面积进一步下降。

（2）稻谷生产重心表现为自西向东、由南往北转移的趋势，长江中下游区和西南区主产地位稳定，东北区增速明显

1978年以来，我国稻谷生产重心逐步从西南向东北转移，经度、纬度坐标分别由1978年的东经113.64°、北纬28.73°，变化为2015年的东经114.84°、北纬31.08°（图1-8）。分区来看，虽然长江中下游区和西南区面积均出现下降，但是其全国稻谷种植主产区的地位不可动摇，两区占全国稻谷种植面积的比重始终保持在70%左右。增幅最大的区域是东北区，从1978年的2.57%增长到2015年的14.74%，东北稻谷种植地位大幅上升（图1-9、图1-10）。降幅最大的是京津区（81.93%），其次是东南区，从886.14万hm²减少到389.59万hm²，这与这些地区快速城镇化和工业化关系密切。

（3）小麦生产重心出现自北向南转移的趋势，冀鲁豫地区小麦种植主导地位进一步巩固

1978年以来，我国小麦生产重心逐渐自北向南转移，重心经度、纬度坐标分别由1978年的东经112.48°、北纬35.44°，变化为2015年的东经112.42°、北纬34.92°（图1-8）。分区来看，冀鲁豫区小麦主产区的地位进一步巩固，占全国面积比重从1978年的36.34%增加到2015年的47.82%。长江中下游区种植面积增幅最大，为22.77%，其余7个大区小麦种植面积均呈下降趋势，其中东北区降幅最大，从1978年的230.26万hm²降低到2015年的7.69万hm²，降幅达到96.66%（图1-9、图1-10）。

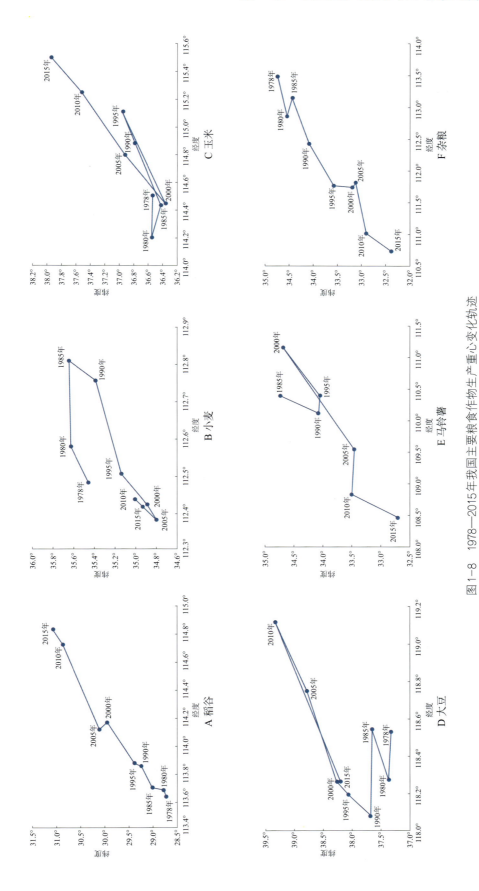

图1-8 1978—2015年我国主要粮食作物生产重心变化轨迹

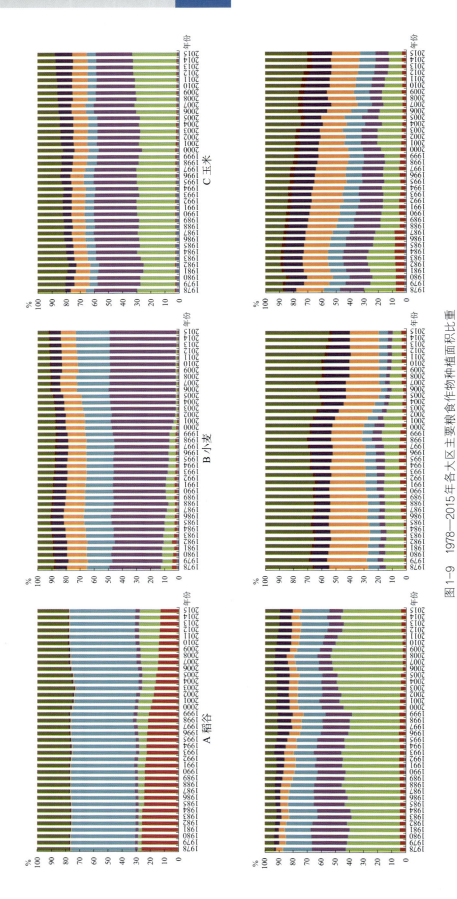

图1-9　1978—2015年各大区主要粮食作物种植面积比重

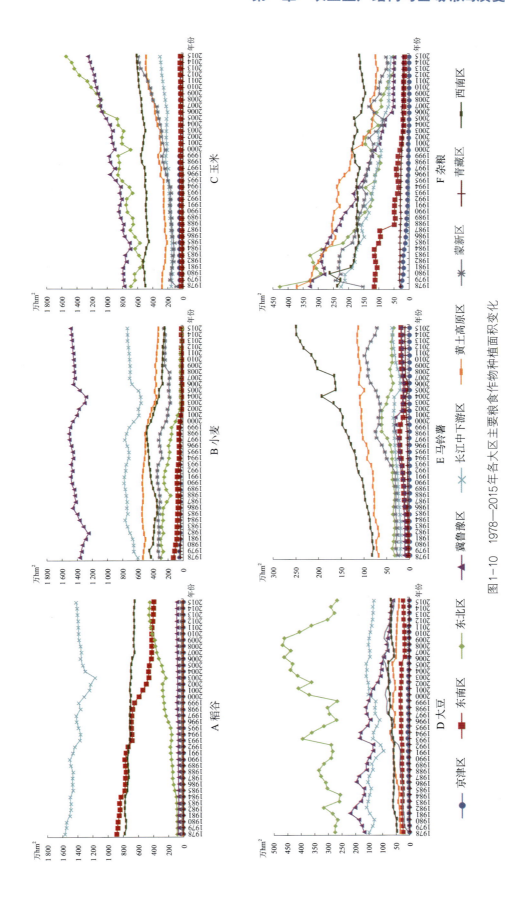

图1-10　1978—2015年各大区主要粮食作物种植面积变化

（4）玉米生产重心呈现自西向东、由南往北转移的趋势，东北区主导地位更加稳固，蒙新区增幅显著，冀鲁豫区和西南区地位下降

1978年以来，我国玉米生产重心逐渐自西向东、从南往北转移，重心经度、纬度坐标分别由1978年的东经114.51°、北纬36.55°，变化为2015年的东经115.50°、北纬37.94°（图1-8）。分区来看，除了京津区，其余8个大区玉米种植面积都有所增加。其中增幅最大的是蒙新区，从1978年的69.50万hm²增加到2015年的467.09万hm²，增幅为572.07%。东北区超越冀鲁豫区成为玉米种植面积占比最大的区域，占比从26.87%增长到31.58%，冀鲁豫则由30.33%降低至25.62%。西南区增长幅度最小，种植面积占比也由19.54%降低至12.53%（图1-9、图1-10）。

（5）大豆生产重心出现轻微北移，东北区依旧占主导地位，冀鲁豫区面积明显下降，蒙新区增幅最大

1978年以来，我国大豆生产重心逐渐向北移动，重心经度、纬度坐标分别由1978年的东经118.53°、北纬37.33°，变化为2015年的东经118.26°、北纬38.21°（图1-8）。分区来看，东北区种植面积虽然有所减小，但由于其基数较大，大豆种植主导地位没有出现动摇，面积占比由1978年的38.75%增加到2015年的41.02%。冀鲁豫区种植面积减小了63.39%，面积占比也由23.67%下降到9.52%。蒙新区增幅最大，达到801.66%，种植面积占比由0.93%增长到9.17%（图1-9、图1-10）。

（6）马铃薯生产重心出现自东向西、由北往南移动的趋势，面积普遍增加，西南区主导地位进一步巩固，黄土高原区和东北区地位有所下降

1982年以来，我国马铃薯生产重心出现自东向西、由北往南移动的趋势，重心经度、纬度坐标分别由1982年的东经110.35°、北纬34.77°，变化为2015年的东经108.47°、北纬32.71°（图1-8）。分区来看，除京津区面积有所减小，其余各大区面积均有所增加。其中，面积增加最大的是西南区，占比也由1982年的33.68%增加到45.33%。黄土高原区和东北区面积占比下降明显，分别由27.77%和13.28%降低到20.46%和6.15%（图1-9、图1-10）。

（7）杂粮生产重心呈现自东向西、由北往南移动的趋势，西南区逐步成为杂粮最大产区，冀鲁豫区和东北区地位下降明显

1978年以来，我国杂粮生产重心出现自东向西、由北往南移动的趋势，重心经度、纬度坐标分别由1982年的东经113.49°、北纬34.76°，变化为2015年的东经110.74°、

北纬 32.39°（图 1-8）。分区来看，全国各大区杂粮面积均出现下降，其中降幅较大的是东北区，由 480.74 万 hm² 降低至 56.28 万 hm²，降幅达到 88.29%。冀鲁豫区从全国占比最大（22.40%）降低到占比 13.43%，西南区一跃成为全国种植杂粮最多的地区，2015 年面积达到 304.03 万 hm²，占全国比重 34.39%（图 1-9、图 1-10）。

（二）棉花作物

1. 发展概况

棉花是我国最主要的经济作物，播种面积只占作物播种面积 3%~4%，而产值却占整个种植业的 7%~10%，棉花生产已成为主产区棉农和产棉集中区地方财政收入的主要来源。主要植棉区农业人口达到 2 亿多人，直接从事棉纺及相关行业人员达到 2 000 多万人，间接就业人员达到 1 亿人。因此，保持我国棉花生产的健康稳定发展，对促进农业增效、农民增收和农村经济稳定具有重要意义。

我国棉花生产主要集中在长江流域、黄河流域和西北内陆三大棉区的冀、鲁、豫、晋、陕、津、苏、皖、湘、鄂、赣、新、甘 13 个省（自治区、直辖市）。改革开放以来，我国棉花生产多次出现大起大落、剧烈波动现象。

1979 年以后，棉田面积与产量连年增长，1984 年棉田面积达到 692.3 万 hm²，总产量达到 625.8 万 t，居世界第一位。1985—1994 年，棉花种植面积波动中下滑。1994 年，国家调整政策，采取扶持棉花生产政策，棉花生产呈恢复性增长。1995—1998 年，全国棉花总产基本稳定在 440 万 t 左右。此后，棉花生产略有回升，2006—2008 年，棉田面积维持在 580 万 hm² 左右。2009—2015 年，由于棉花生产成本刚性上涨和粮棉争地的直接影响，加上粮食生产农艺简单、机械化程度高、用工少、补贴多的间接影响，新疆棉区以及长江、黄河流域棉区植棉面积出现不同程度缩减，棉花生产开始波动下降，2015 年全国棉田面积仅为 379.7 万 hm²（图 1-11）。

2. 生产结构

（1）新疆棉区后来居上，发展迅速，棉田面积和棉花产量均占全国一半以上

新疆棉区由于得天独厚的生态条件，病虫害较少，棉花品质优良，在国内外市场颇有竞争力，产量和播种面积连续几年持续上升。特别是 2000 年以来，随着政策支持以及技术不断成熟发展，新疆棉区发展迅速，在我国棉花生产中占据绝对优势，无论单产还是总产都大幅提高。2006 年，新疆棉区棉花产量超过黄淮海棉区，达到 290.60 万 t，

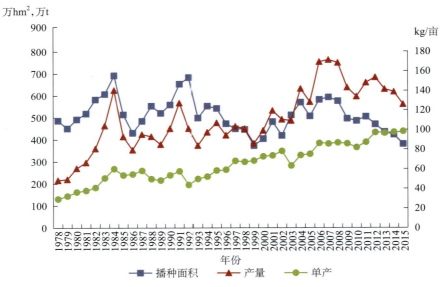

图1-11　1978—2015年我国棉花播种面积、总产量和单产变化

成为全国产量第一大棉区；2012年，新疆棉花播种面积达到172.83万hm²，占全国棉花播种面积36.71%，成为全国棉花种植面积最大的棉区；2015年，新疆棉花种植面积和产量分别占全国的50.16%和62.52%，成为我国最重要的棉花生产区（图1-12）。

（2）黄淮海棉区和长江流域棉区逐渐萎缩

黄淮海棉区特别是河南省的棉花种植面积开始萎缩，其占全国棉花生产面积的比重由2000年的19.28%下降至2012年的15.20%，到2015年又下降到3.16%。产量占全国总产量的比例由1980年的14.99%上升到2000年的15.93%，而后又下降到2.26%（图1-12）。长江流域棉区（如四川、湖北、安徽、江苏等省）的棉花种植面积持续萎缩，棉花种植面积占全国的比重进一步下降，其占全国棉花生产面积的比重由1980年的40.19%下降到2000年的28.16%，到2015年又下降到18.84%。产量占全国总产量的比例由1980年的38.68%下降到2000年的25.12%，又下降到2015年的14.32%（图1-12）。

3.区域布局

改革开放以来，我国棉花生产中心不断向西北方转移，20世纪80年代黄河流域和西北内陆棉田面积占全国的64%，总产则占63%；到了90年代，我国棉花生产布局发生了新的变化，西北内陆棉田快速发展；2006年和2012年，新疆相继成为全国棉花种植面积和产量第一大棉区；2015年新疆棉田面积和棉花产量在全国占比均在一半以上。由此可见，棉花生产布局形成由东部沿海逐步向北部、西北部转移的趋势，即逐步向长江

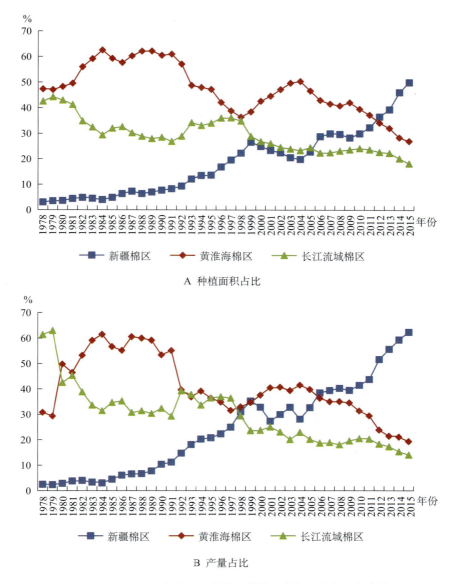

图1-12 1978—2015年我国三大棉区种植面积和产量占比变化情况

以北的黄河流域集中、向新疆内陆地区发展。

从重心变化来看，棉田重心呈现"由南向北，由东至西"的趋势。全国棉花生产重心从1978年的东经114.05°和北纬34.14°移动至2015年的东经101.46°和北纬39.00°，经、纬度分别向西和向北偏移了12.59°和4.86°，偏移距离为1 245.82km（图1-13）。这种重心移动主要表现为长江流域棉区和黄淮海棉区棉田面积占全国比重分别由1978年的40.37%和47.39%下降到2015年的18.84%和27.20%；新疆棉田面积占全国比重大幅上升，从1978年的3.09%上升到2015年的50.16%。

棉花生产重心向西北移动主要原因是西北地区（特别是新疆）棉花种植比较优

势较高，1999年国家彻底开放棉花市场之后，市场在配置棉花资源时起到决定性作用。比较优势较高地区的棉花生产取得了较大发展，种植面积和产量双双上涨；而比较优势较小的地区，棉花种植面积在不断缩减，转而种植其他比较优势较高的作物。因此，西北地区棉花生产不断扩张，黄淮海棉区和长江流域棉区棉花生产不断萎缩。

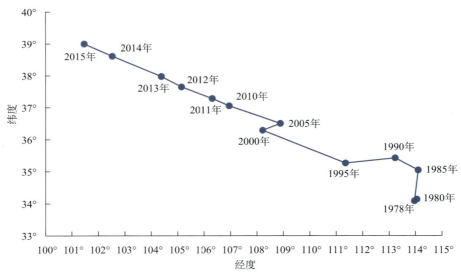

图1-13　1978—2015年我国棉花生产重心变化

（三）油料作物

1. 发展概况

我国油料作物主要包括花生、油菜籽、芝麻、向日葵和胡麻等。1978年以来，我国油料作物播种面积、总产量和人均占有量均呈现在波动中上涨的趋势（图1-14）。1978—2015年，全国油料产量从1978年的521.79万t增加到3 536.98万t，增幅达到577.86%，年均增长率为5.31%；油料作物播种面积实现了翻番，增幅达到125.55%，年均增长率为2.22%。油料人均占有量从1978年的5.42kg增长到2015年的25.73kg，增幅达到374.67%。另外，从播种面积与农作物总播种面积比例看，油料发展大致可分为四个阶段：1978—1985年，是第一个增长阶段，占比从4.15%持续增长到8.22%；第二阶段（1985—1989年）占比不断下降到7.17%；第三阶段（1989—2005年）占比大幅上升，增加2.23个百分点，达到9.40%；第四阶段（2006—2015年）占比有所下降，近年来一直保持在8.5%左右浮动。

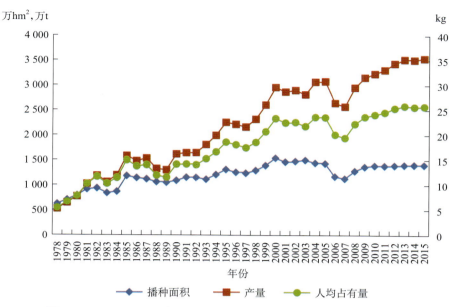

图1-14 1978—2015我国油料播种面积、总产量和人均占有量变化

2. 生产结构

油菜籽和花生主导地位不断增强,芝麻和胡麻比重下降明显(图1-15)。改革开放以来,经过不断优化调整,油料作物内部结构发生了较大变化。其中,油菜籽一直是我国面积占比最大的油料作物,1978年比重为41.78%,虽然在个别年份出现波动,但其总体趋势是在不断增强,并在1996年达到峰值(53.63%),近年来保持在50%左右波动;花生种植面积所占比重也有所提升,从1978年的28.42%提高到2015年的32.88%,其中在2001年达到比重峰值(34.11%);向日葵种植面积总体来看有所提升,但波动较

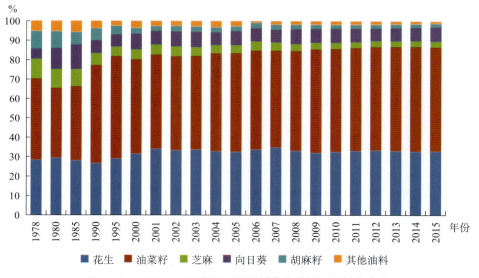

图1-15 1978—2015我国主要油料作物种植面积结构变化

大，占比最低的1978年为5.14%，最高为1985年的12.49%，近年来一直稳定在7%左右浮动；芝麻和胡麻籽的种植面积比重下降明显，芝麻从1978年的10.25%下降到2015年的4.87%，胡麻籽从9.20%降低到5.13%。可见，我国油料作物内部结构由油菜籽、花生、向日葵、芝麻、胡麻籽多样化发展态势，已经转变为油菜、花生为主，其他作物为辅的产业结构布局。

3．区域布局

（1）长江中下游区、冀鲁豫区和西南区是我国油料作物主产区，且有不断向其集聚的趋势，东南区地位下降

1978—2015年，除京津区和东南区，其余产区油料作物种植面积均有所增加（图1-16）。长江中下游区增幅最大，从149.46万hm²增加到495.67万hm²，增幅达到231.64%，且一直以来都是全国油料作物最大产区，占比从1978年的24.02%增加到2015年的35.32%，主导地位愈发突出。西南区种植面积增幅（180.04%）也较明显，占比从16.09%增加到19.97%，有逐渐超越冀鲁豫区（20.10%，2015年）成为全国第二大油料产区的趋势。东南区油料种植面积降幅达到10.44%，占比也从12.31%下降到4.89%，这与东南沿海地区产业结构转型升级密切相关。

从油料生产重心变化轨迹来看，1978—2015年我国油料生产重心呈向西南移动的态势（图1-18），从1978年的东经112.98°和北纬33.28°移动至2015年的东经112.17°和北纬32.54°，经、纬度分别向西和向南偏移了0.82°和0.74°，偏移距离为111.75km。

（2）长江中下游区和西南区油菜种植占据绝对主导地位，东南区地位下降明显

1978—2015年，长江中下游区油菜种植增幅显著，达到316.52%，比重也由1978年的36.94%增加到占据全国一半以上（53.09%）。西南区种植面积由1978年的66.22万hm²增加到2015年的211.60万hm²，增幅达到219.54%，比重也增加近3个百分点，达到28.08%。东南区、东北区和冀鲁豫区占比均有所下降，其中下降最明显的是东南区，从1978年的10.76%下降到2015年的1.94%，东北区从4.95%下降到0.02%，冀鲁豫区从8.67%下降到4.98%（图1-17）。从油菜生产重心变化轨迹来看，1978—2015年我国油菜种植面积重心呈向西南移动的态势（图1-18），从1978年的东经111.80°、北纬31.90°移动至2015年的东经111.05°、北纬30.73°，经、纬度分别向西和向南偏移了

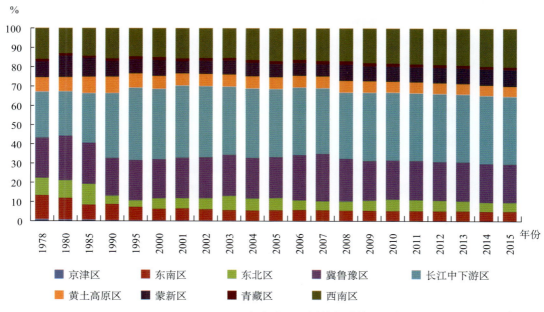

图1-16 1978—2015年各大区油料作物种植面积变化

0.75°和1.17°，偏移距离为148.84km。

（3）冀鲁豫区是我国花生种植最大产区，主导地位不断提升，东南区地位明显降低

长期以来，冀鲁豫区一直是我国花生种植最大产区，面积占比从1978年的38.89%增加到2015年的46.75%，面积增幅达到213.88%。长江中下游区花生种植面积增加显著，从全国第四大产区跃升为第二大产区。东北区地位有所提升，涨幅也较大（915.27%），占比从2.61%增长到10.14%。地位下降最明显的是东南区，虽然种植面积有所增加，但全国占比从25.55%降低到11.45%，从全国第二大产区下滑到第四（图1-17）。从花生生产重心变化轨迹来看，1978—2015年我国花生生产重心呈向东北移动的态势（图1-18），从1978年的东经114.36°、北纬30.89°移动至2015年的东经114.64°、北纬33.15°，经、纬度分别向东和向北偏移了0.28°和2.26°，偏移距离为252.31km。

（4）我国芝麻生产格局多年以来变化不大，冀鲁豫区和长江中下游区是两大产区。向日葵生产布局发生较大变化，东北区地位下降明显（从79.37%降低到15.07%），蒙新区成为最大产区（从11.16%增长到66.73%）。胡麻种植面积下降明显，生产格局变化较小，黄土高原区和蒙新区是两大主产区，黄土高原区占比从1978年的37.54%增长到2015年的49.72%，超越蒙新区成为全国最大胡麻产区（图1-17）。

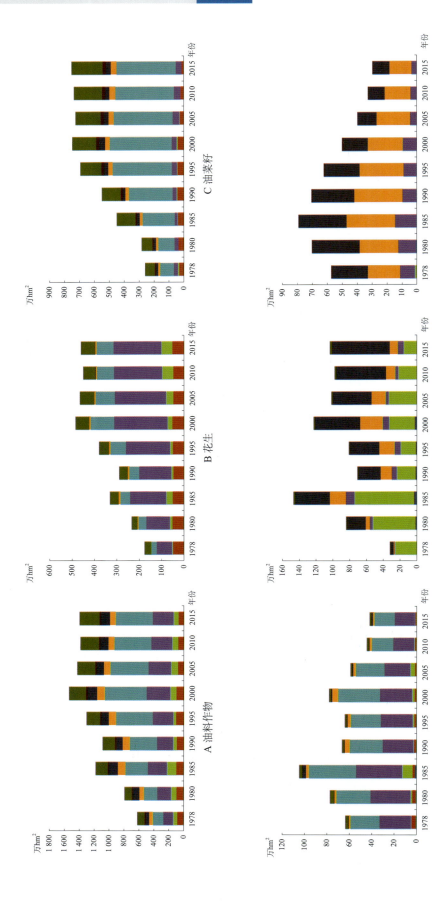

图1-17 1978—2015年各大区主要油料作物种植面积变化

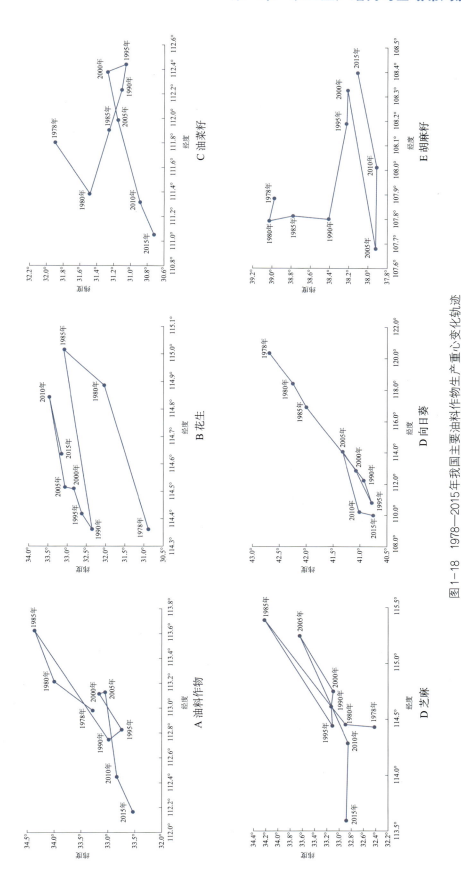

图1-18　1978—2015年我国主要油料作物生产重心变化轨迹

（四）糖类作物

1．发展概况

改革开放以来，我国糖料生产稳定增长。1978—2015年，糖料产量从2 381.87万t增加至12 500万t，增加了4.25倍，年均增长4.46%；糖料人均占有量从24.74kg增加至90.93kg，增加了2.67倍，年均增长3.58%。我国主要的糖料作物是甘蔗和甜菜，且种植历史悠久。改革开放以来，国家采取了糖粮挂钩、吨糖吨粮、价外补贴、化肥奖售和调高糖料收购价格等一系列惠农经济政策，激发了广大农民种植糖料作物的积极性，促进了糖料作物生产的进一步发展。糖料作物种植面积从1978年的87.95万hm²增加到2015年的173.65万hm²，增长97.45%，其中甘蔗种植面积从54.85万hm²增加至159.97万hm²，增长191.62%；甜菜种植面积从33.09万hm²下降至13.69万hm²，减少58.64%（图1-19）。

图1-19　1978—2015年我国主要糖料作物种植面积变化

2．生产结构

在全国糖料生产结构中，甘蔗是我国制糖的主要原料，占全国糖料作物种植面积的90%以上；甜菜是我国北方重要的糖料作物，占全国糖料作物种植面积的10%左右。从糖料作物种植结构变化来看，甘蔗种植面积呈逐步升高趋势，甜菜种植面积呈逐步下降趋势。1978年，甘蔗、甜菜种植面积之比为1.7∶1，2015年变为11.7∶1，甘蔗种植面积在糖料作物种植面积中的比重高达92.1%，甘蔗成为最主要的糖料作物，甜菜则逐渐

萎缩。2015年，甘蔗总产量占糖料作物总产量的93.6%，甜菜总产量只占6.4%。

3．区域布局

经过长时间的培育和发展，我国已形成"南蔗北菜"的种植格局。其中，甘蔗主要分布在北纬24°以南的热带、亚热带地区，包括广东、台湾、广西、福建、四川、云南、江西、贵州、湖南、浙江和湖北11省（自治区），其种植面积常年占我国糖料作物种植面积的85%以上，蔗糖产量占食糖总产的90%以上。其中，广西、云南、广东和海南4省（自治区）是我国最主要的甘蔗生产区，2015年甘蔗种植面积分别为97.37万hm^2、31.15万hm^2、16.24万hm^2和4.55万hm^2，共占全国甘蔗种植面积的93.34%，其中广西甘蔗种植面积最大，占全国的60.87%。

甜菜的主要产区分布在北纬40°以北的东北、华北和西北地区。甜菜产区主要集中在新疆、内蒙古及黑龙江，河北、辽宁、山西、甘肃、山东、江苏等省份也有种植。其中，新疆、内蒙古和黑龙江是我国最主要的甜菜生产区，2015年分别种植甜菜6.12万hm^2、4.99万hm^2和0.21万hm^2，共占全国甜菜种植面积的82.67%，其中新疆甜菜种植面积最大，占全国的44.74%。

（1）闽粤川琼传统甘蔗产区比重下降，云桂等西南省份比重上升，植蔗重心向西南方向移动

我国传统产蔗基地主要分布在闽、粤、川、琼四省，改革开放以后，这些传统甘蔗产区的甘蔗种植面积占全国的比重逐渐下降，到2015年，闽粤川琼四省甘蔗种植面积占全国甘蔗种植面积比重由1978年的55.4%下降到14.3%；而以云桂为主的甘蔗产区地位上升，甘蔗种植面积占全国甘蔗种植面积比重由1978年的17.5%上升到80.3%（图1-20A）。广西和云南2015年种植面积达到128.52万hm^2，总产量9 435万t，分别比1978年增加682%和1 758%；面积从1978年占全国甘蔗种植面积的34.3%上升到80.3%，产量从占全国甘蔗总产量的25.4%上升到80.7%。

从甘蔗生产重心变化轨迹来看，1978—2015年我国甘蔗生产重心呈现"东向西移、北向南移"的态势（图1-21A），从1978年的东经110.81°、北纬24.82°移动至2015年的东经108.12°和北纬23.68°，经、纬度分别向西和向南偏移了2.69°和1.14°，偏移距离为300.45km。我国甘蔗生产布局逐渐向优势化、区域化方向发展，主产区逐渐转向西南，逐渐形成桂中南蔗区、滇西南蔗区和粤西琼北蔗区三大主产区。

（2）东北甜菜产区地位明显下降，内蒙古、新疆等甜菜产区有较大发展，甜菜生产重心向西南方向移动

蒙新产区的甜菜生产得到了较大发展，东北产区地位下降明显。1978—2015年，黑龙江、吉林和辽宁三省甜菜种植面积在全国占比从1978年的66.63%下降到2015年的3.18%，产量由68.85%下降到1.72%；而内蒙古、新疆甜菜生产发展较快，已是全国重要的甜菜生产基地，其种植面积占比由1978年的15.71%上升到2015年的81.17%，产量占比由1978年的17.57%上升到2015年的84.47%（图1-20B）。

从甜菜生产重心变化轨迹来看，1978—2015年我国甜菜生产重心呈现"东向西移、北向南移"的态势（图1-21B），从1978年的东经120.15°和北纬42.94°移动至2015年的东经101.57°和北纬41.77°，经、纬度分别向西和向南偏移了18.58°和1.17°，偏移距离为1 529.13km。我国甜菜生产布局逐渐向优势化、区域化方向发展；主产区逐渐转向原产地的西南方向，逐渐形成内蒙古、新疆甜菜主产区。

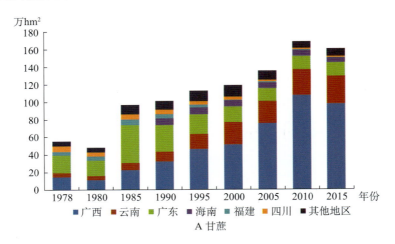

A 甘蔗

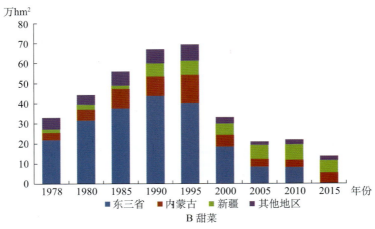

B 甜菜

图1-20　1978—2015年甘蔗和甜菜主产区种植面积变化

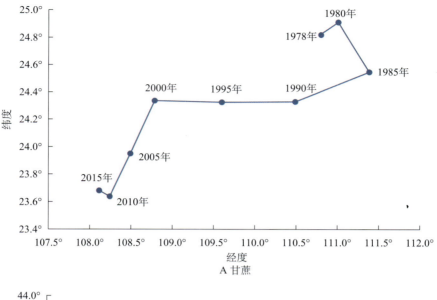

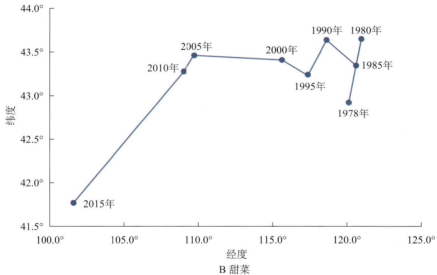

图1-21　1978—2015年我国甘蔗和甜菜生产重心变化轨迹

（五）麻类作物

1．发展概况

麻类作物是我国继粮食、棉花、油料作物、蔬菜之后的第五大作物群体。我国的主要麻类作物有苎麻、亚麻、红麻、剑麻、大麻等。长期以来，我国苎麻种植面积和产量占世界总种植面积和产量90%以上，位居世界第一；亚麻种植面积和加工能力已位居世界第二；黄红麻种植面积居世界第三位，产量居世界第二位。

改革开放初期，我国麻类生产经历了较大波动，麻类作物种植面积1985年达到历

史最高的123.06万hm²，产量也达到444.77万t。此后，麻类作物种植面积和产量持续下降，1999年麻类作物种植面积仅20.50万hm²，产量47.2万t；此后，开始逐渐回升，2005年麻类作物种植面积增加至33.48万亩，产量110.49万t；此后，由于粮麻比较效益不断走低，麻类作物种植面积持续下滑，2015年全国麻类作物种植面积仅8.13万hm²，产量21.08万t（图1-22）。

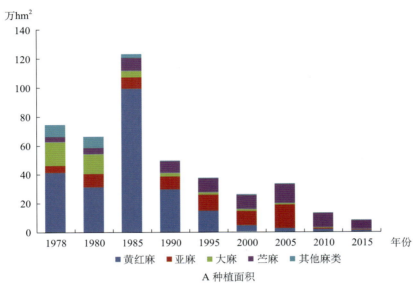

A 种植面积

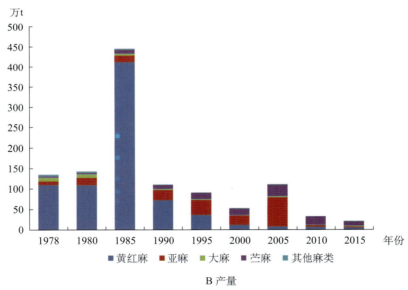

B 产量

图1-22 1978—2015年我国各类麻类作物播种面积及产量变化

2．生产结构

麻类作物是我国传统的栽培作物，麻类纤维是纺织工业的重要原料。我国种植的麻

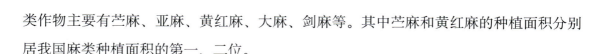

类作物主要有苎麻、亚麻、黄红麻、大麻、剑麻等。其中苎麻和黄红麻的种植面积分别居我国麻类种植面积的第一、二位。

20世纪80年代初期，黄红麻发展较快，占麻类种植面积的50%以上；1994—2005年，受市场需求影响，黄红麻生产逐步萎缩，亚麻和苎麻快速发展，并成为我国麻类作物生产的主要作物，占比在80%左右；2005年以后，受进口亚麻冲击，国内亚麻种植面积持续下滑，苎麻成为我国种植面积最大的麻类作物，2015年苎麻种植面积占全国麻类种植的比重达到了68.56%（图1–23）。

（1）黄红麻种植面积不断缩减

改革开放初期，我国农村经济体制改革和农副产品收购改革，调动了广大农民的积极性，1985年黄红麻总播种面积和总产创造了历史记录，种植面积99.2万hm²，占全部麻类作物种植面积的80.6%；总产量411.9万t，占全部麻类作物产量的92.6%。20世纪90年代后，由于受化纤等替代产品影响，市场需求持续减少，黄红麻种植面积不断缩减。2015年全国黄红麻种植面积只有1.34万hm²，仅为1978年的3%。

（2）亚麻种植面积下降明显

1978年我国亚麻种植面积为5.29万hm²，在2005年增长到历史最高峰15.77万hm²。此后，受进口亚麻冲击，国内亚麻种植面积开始极速下降，到2015年种植面积仅有0.29万hm²，比2005年减少98.14%。

（3）苎麻种植面积"先增后减"

从20世纪90年代末开始，由于看好入世后我国纺织品在国际市场的优势，苎麻种植面积开始不断增长。1998—2007年，全国苎麻面积从7.77万hm²增加至14.28万hm²，增幅83.66%；苎麻产量从12.23万t增加至29.13万t，增幅138.18%。此后，苎麻种植面积逐年下降，2015年全国苎麻种植面积仅5.57万hm²，产量10.84万t，9年间苎麻种植面积减少8.71万hm²，降幅达60.99%，产量减少18.29万t，降幅达62.75%。

（4）大麻种植面积在减少，产量却略有回升

20世纪70年代末期，黑龙江、吉林、山东、内蒙古、河北、山西6省（自治区）是我国大麻生产规模较大的地区。80年代末期，由于大麻作为绳索的主要原料的地位被化纤取代，国内大麻种植面积急剧下降，1999年全国大麻种植面积仅0.90万hm²，仅占麻类作物种植面积的4.41%。21世纪，由于纺织工艺的进步，大麻纤维作为纺织原料被重新开始利用，大麻生产开始回升，2015年全国大麻种植面积0.65万hm²，占麻类作

物种植面积的7.99%。

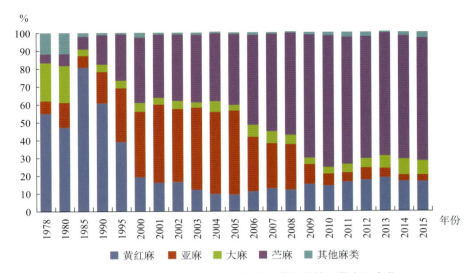

图1-23 1978—2015年我国主要麻类作物种植面积占比变化

3. 区域布局

我国麻类作物分布很广，各地均有种植。其中，黄红麻主要分布在淮河流域的河南、安徽等省；亚麻主要分布在黑龙江省；苎麻主要分布在湖南、湖北、四川、重庆、江西等省；大麻主要分布在安徽、河南、山西、山东、云南等省；剑麻主要分布在广东、广西、福建、海南等沿海地区。

（1）江浙川鲁粤等传统黄红麻产区比重下降，皖豫桂黄红麻比重上升，重心向西南移动

我国黄红麻有七大主产区，即淮河流域区、钱塘江沿岸区、湘北鄂南区、川中区、华南沿海区、赣中区和江苏长江北岸区，主要分布在山东、河南、江苏、浙江、湖北、湖南、安徽、广东、广西、四川10省（自治区）（图1-24A）。随着全国黄红麻种植面积的萎缩，钱塘江沿岸区、湘北鄂南区、江苏长江北岸区和川中区黄红麻生产基本消失，其他3个区域成为我国黄红麻的主产区。2015年，山东、江浙、两湖（湖北和湖南）、广东和四川7省黄红麻种植面积占比均不到全国的5%；安徽、河南和广西黄红麻种植面积在全国占比大幅上升，分别占全国的31.70%、31.40%和24.78%。

从黄红麻生产重心变化轨迹来看，1978—2015年我国黄红麻生产重心呈现向西南移动的态势（图1-25A），从1978年的东经114.33°和北纬30.72°移动至2015年的东经113.09°和北纬30.32°，经、纬度分别向西和向南偏移了1.24°和0.40°，偏移距离为

127.02km。

（2）黑龙江亚麻地位明显下降，新疆和南方冬作亚麻占比快速增加，重心向西南移动

我国亚麻主要分布在黑龙江、新疆、宁夏和内蒙古等省（自治区），云南、湖南等冬作区亚麻发展也较快，其中黑龙江是我国最大的老亚麻产区，20世纪末，黑龙江省亚麻种植面积在全国占比维持在90%左右（图1-24B）。进入21世纪，随着种植技术改进，新疆地区和南方冬作区亚麻种植面积不断增加，2005年新疆和南方冬作区亚麻种植面积分别达到8.24万hm²和3.59万hm²；此后，亚麻种植面积虽开始萎缩，但其在全国亚麻种植面积中仍占有较高比重，2015年新疆和南方冬作区亚麻种植面积在全国亚麻种植面积占比分别高达35.84%和15.02%。

从亚麻生产重心变化轨迹来看，1978—2015年我国亚麻生产呈现向西南移动的态势（图1-25B），从1978年的东经126.59°和北纬45.61°移动至2015年的东经109.29°和北纬42.05°，经、纬度分别向西和向南偏移了17.30°和3.56°，偏移距离为1 439.77km。

（3）湘鄂苎麻比重下滑，川渝地区苎麻地位上升，重心向西南移动

我国苎麻有五大产区，即湘北鄂东南区、川东区、苏皖长江南岸区、赣西区和桂北区，其中湘北鄂东南区和川东区是我国苎麻最大的产区，苎麻种植面积占全国的80%以上。湘鄂地区曾是全国苎麻最大的生产区，种植面积占全国50%以上，但2008年国家金融危机导致苎麻产销恶化，加上扩粮减麻和加强麻纺企业排污管理，湘鄂地区受到极大影响，苎麻种植面积持续萎缩，而川渝地区由于麻园不占粮田，苎麻种植规模减小不明显，2010年川渝地区苎麻种植面积超过湘鄂，成为我国最大的苎麻生产基地。2015年，川渝地区苎麻种植面积达到3.41万hm²，占全国的61.14%，而湘鄂苎麻种植面积仅1.52万hm²，占全国的27.32%。苏皖地区曾经也是我国苎麻生产的重要基地，20世纪80年代末种植面积达3万～4万hm²，占全国种植面积的8%～10%，但进入90年代后，由于比较效益低，且耗费劳动力，苏皖地区苎麻生产快速萎缩，2015年种植面积仅剩0.15万hm²，占全国的2.64%（图1-24C）。

从苎麻生产重心变化轨迹来看，1978—2015年我国苎麻生产重心呈现向西北移动的态势（图1-25C），从1978年的东经110.78°和北纬29.70°移动至2015年的东经108.01°和北纬30.17°，经、纬度分别向西和向北偏移了2.77°和0.47°，偏移距离为272.35km。

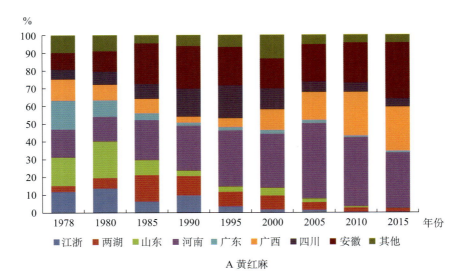

A 黄红麻

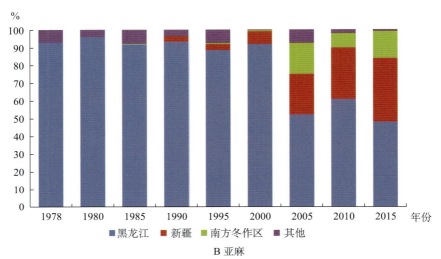

B 亚麻

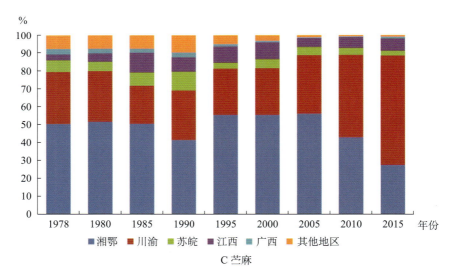

C 苎麻

图1-24 1978—2015年各区域主要麻类作物种植面积比重变化

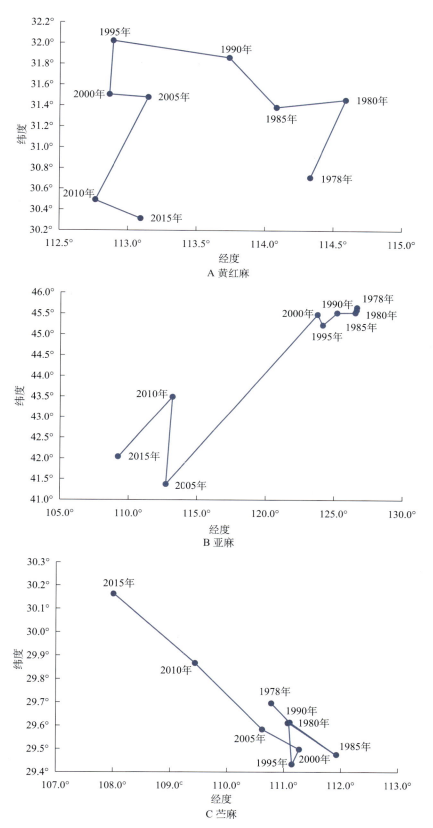

图 1-25　1978—2015年主要麻类作物生产重心变化轨迹

（六）蔬菜

1.发展概况

（1）蔬菜瓜果生产快速增长，蔬菜生产规模居世界第一位

1978—2015年，全国蔬菜种植面积从333.10万hm²增加至2 199.97万hm²，增长5.60倍，年均增长5.23%，蔬菜占农作物种植面积比重从2.22%增加至13.22%，成为增速最快的作物；瓜果种植面积从40.60万hm²增加至254.95万hm²，增长5.28倍，年均增长5.09%，瓜果占农作物种植面积比重从0.27%增加至1.53%（图1-26）。据联合国粮食及农业组织（FAO）统计，2015年我国蔬菜（含瓜果类）种植面积和产量分别占世界的41.02%和50.66%，居世界第一位。

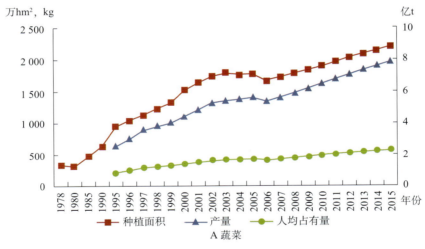

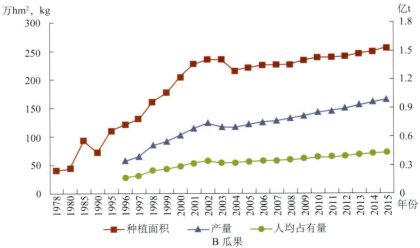

图1-26 1978—2015年我国蔬菜瓜果种植面积、总产量和人均占有量

从人均占有量来看，2015年全国蔬菜和瓜果人均占有量分别为571.26kg和71.99kg，较1996年分别增加325.13kg和43.65kg，年均增幅分别为4.53%和5.03%。从全球范围来看，2015年我国蔬菜（含瓜果类）人均占有量远高于世界平均水平（142.42kg）。

我国现有常见蔬菜品种可分为八大类，即叶菜类、瓜菜类、块根类、茄果类、葱蒜类、菜用豆类、水生菜类及其他菜（高强、孔祥智，2014），其中叶菜类种植面积最大，约占蔬菜种植面积的35%；其次是块根类和茄果类，约占蔬菜种植面积的30%；瓜菜类和葱蒜类种植面积约占蔬菜种植面积的20%；菜用豆类、水生菜类和其他菜类种植面积占蔬菜种植面积的15%。

（2）设施蔬菜快速发展

近40年来，我国设施蔬菜面积从1978年的不足0.6万hm^{2}发展至2016年391.5万hm^2，从1999年开始一直保持世界设施园艺第一生产大国地位，设施蔬菜面积占世界总面积的80%以上（农业部农产品加工局，2015）（图1-27）；设施蔬菜产量2.5亿t左右，约占当年蔬菜总产量的32%（聂宇燕，2011）。从设施蔬菜发展趋势来看，1986—2006年，蔬菜园艺设施面积增长较快，年均增长率高达48.3%；2006—2016年，蔬菜园艺设施面积增长变慢，年均增长率仅为4.0%（农业部软科学委员办公室，2013）。从设施类型来看，以塑料拱棚、日光温室等简易设施和节能栽培为主，其中小拱棚约占设施蔬菜面积的37%、大中拱棚占39%、日光温室占23%、加温温室和连栋温室仅占1%。从布局来

图1-27　1978—2016年我国设施蔬菜面积变化

看，我国设施蔬菜主要分布于黄淮海与环渤海地区、长江流域和西北地区，栽培面积分别约占全国的57%、20%和11%，其中北方以日光温室和大中塑料拱棚为主，南方以大中塑料拱棚和防雨遮阳棚为主（光大期货，2015）。

（3）菜果品种丰富，发展迅速

我国蔬菜瓜果种类非常繁多，几乎世界各地的蔬菜瓜果品种都能在我国找到适宜的生产环境。我国目前约有140多个蔬菜瓜果品种，其中年产量超过1 000万t以上的有20多个品种。近年来，我国也陆续引进国外蔬菜瓜果新品种并进行大面积的推广种植，如荷兰番茄、荷兰菠菜、日本水果黄瓜、意大利生菜等。从增长情况来看，1994—2016年，绝大多数蔬菜瓜果的种植面积累计增长均在3～5倍、年均增幅在5%～10%，远高于同期粮食（0.14%）、棉花（-2.26%）、油料（0.72%）、糖料（-0.15%）等作物增幅。

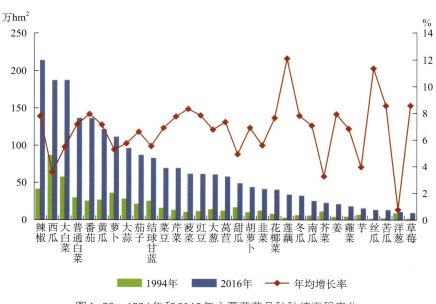

图1-28　1994年和2016年主要蔬菜品种种植面积变化

2．生产结构

（1）1984年以前：郊区农业为主的蔬菜生产与供应格局

中华人民共和国成立初期，由于城市、工矿区人口剧增和建设挤占菜地，仅靠城郊菜农的分散生产已不能满足消费需求。针对此，1953年12月29日中共中央批转了《中央农村工作部关于大城市蔬菜生产和供应情况及意见的报告》，指出"大城市郊区的农业生产，应以生产蔬菜为中心。"1956年3月，国务院批准了商务部、农业部、供销合作总社《关于第一次全国大中城市、工矿区蔬菜工作会议的总结报告》，确定了大中城市和工矿区"以当地生产为主、外来调剂为辅"的蔬菜发展方针（高强、孔祥智，2014）。自此，我国蔬菜生产区域主要分布在大中城市的郊区，而农村只有少量的自产自食菜地。

(2) 1985—1994年："近郊为主、农区为辅、外埠调剂"的蔬菜生产与供应格局

改革开放后，由于城市化进程的加快和农村劳动力的大量转移，一方面，城郊地价上涨、郊区农民就业机会增加，造成城郊蔬菜逐步萎缩；另一方面，随着农民生产自主权扩大和蔬菜产销体制改革，农区蔬菜生产发展迅猛，但受限于交通发展，在就地就近生产为主、外埠供应为辅的方针下，蔬菜生产格局进一步优化，除稳定发展大中城市郊区蔬菜基地，还在全国建有五大蔬菜生产基地，即华南和西南热区冬春蔬菜生产基地、长江中下游冬春蔬菜生产基地、黄土高原夏秋蔬菜生产基地、云贵高原夏秋蔬菜生产基地和黄淮海与环渤海设施蔬菜生产基地。

(3) 1995年以后，围绕"生产基地建设""农区为主"方针确立生产格局

随着农产品供需短缺矛盾的初步解决以及交通运输状况的显著改善，全国大市场、大流通格局基本形成。针对此，政府确立了"加强生产基地建设、保障蔬菜市场供应"的蔬菜生产与供应方针。蔬菜生产由以农区为辅逐步转变为以农区为主，农区蔬菜种植面积占全国蔬菜种植面积的80%以上（高强、孔祥智，2014）。

3. 区域布局

经过多年发展，蔬菜产业集中度比较高。据统计，2015年蔬菜种植面积列全国前10位的省份，种植面积都在70万hm²以上，共计1 385.60万hm²，占全国蔬菜种植面积的62.92%。蔬菜生产区域初步形成，主要分布在中、西部地区，河北、河南、山东、湖北、湖南、广东、广西、云南、四川和江苏面积位于前10位。1995—2015年，我国蔬菜生产布局总体趋势为"西进南下"（图1-29）。1995—1999年，各大蔬菜产区产量均有增长，尤其冀鲁豫区增长最为明显，1999年总产量比1995年增长81.4%；2001—2015年，冀鲁豫区、长江中下游区和西南区蔬菜生产持续发展，2015年总产量为57 685万t，占全国蔬菜总产量的73.50%，成为全国重要的蔬菜生产基地。

1978—2015年，我国蔬菜生产空间布局呈现"东向西移，北向南移"的态势（图1-30）。2015年我国蔬菜生产重心经、纬度分别为东经112.54°、北纬31.52°，较1978年分别向西和向南偏移了2.88°和3.67°，偏移距离为487.33km。蔬菜生产重心向西南方向移动的主要原因是西南方向的地区自然环境适宜、蔬菜种植的比较优势较高、

收益较好。我国蔬菜产区广大，遍布各地，主要的省份有河北、河南、山东、湖北、湖南、广东、广西、云南、四川、贵州和江苏。2015 年，这些地区种植面积和产量占全国的比重分别为 67.44% 和 68.12%，地位举足轻重。

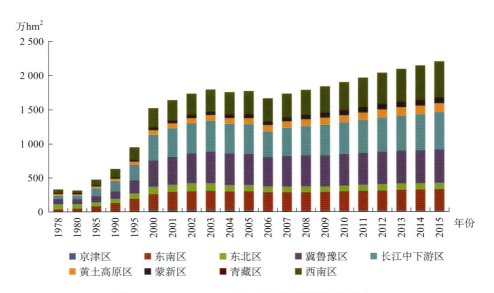

图 1-29 1978—2015 年各大区蔬菜种植面积变化

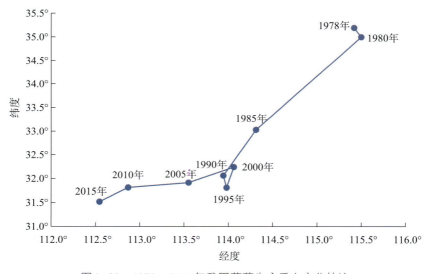

图 1-30 1978—2015 年我国蔬菜生产重心变化轨迹

（七）园林水果

1. 发展概况

（1）水果生产快速增长，果品总面积和总产量稳居世界第一

我国果树栽培历史悠久，资源丰富，栽培规模大，果品市场总量大，社会经

济效益高。改革开放以来，我国果园面积总体呈波动上升趋势。2015年果园面积为1 281.67万hm²，比1978年提高了6倍多。同时，水果产量持续增长，据统计，2015年我国水果总产量达到17 479.57万t，较1978年增长16 822.60万t，增长了近25.6倍。据FAO统计，2015年我国果园面积居世界第一位，占比23.51%。

（2）我国园林水果产量年增加量呈现阶段性上升的趋势

1978—1985年，园林水果产量年增加量为72.43万t；1985—1995年，园林水果产量年增加量为305.07万t；1985—1995年，园林水果产量年增加量为462.09万t；2005—2015年园林水果产量年增加量最多，为864.41万t（图1-31）。2015年中国国产园林水果总量达到17 479.57万t，产量已经达到世界总量的24.64%，排名世界第一。

（3）全国人均水果占有量显著提升

随着水果生产快速发展，人均水果占有量较快增长，从1978年的6.8kg上升到2015年的127kg（图1-31）。

图1-31　1978—2015年我国果园面积、水果产量和人均水果占有量变化

2. 结构演变趋势

（1）品种结构较为集中

我国水果品种结构总体上表现出较为集中的特点。其中，苹果、柑橘和梨是中国最主要的水果种植品种，长期占主导地位，但三大类水果在我国园林水果种植面积中的比重有所下降，从1978年的68.54%下降至2015年的46.54%，产量比重从1978年的63.55%下降至2015年的56.02%（图1-32）。

（2）柑橘代替梨成为中国第二大类果品

1982年以后，柑橘代替梨成为中国第二大类果品。苹果和梨在水果总量中的比例总体呈现下降趋势，而柑橘、香蕉和葡萄在水果总量中的比例总体呈现上升趋势（图1-32）。其中，苹果在水果总量中的比重经历了三个变化阶段：下降阶段（1978—1991年），这一阶段苹果所占比例波动下降，从1978年的34.63%下降至1991年的20.86%；回升阶段（1991—1996年），1992年开始，苹果所占比例回升，到1996年回升至36.64%；再次下降阶段（1996—2015年），2015年苹果的比重已下降至24.38%。柑橘比重从1978年的5.83%上升至1991年的29.10%，然后又经历了近10年的下降，到2000年柑橘在水果总量中的比例仅占到13.51%，进入21世纪之后总体呈现回升趋势。梨在水果总量中的比例从1978年以来总体呈现下降趋势。香蕉和葡萄则从2004年后总体保持平稳。

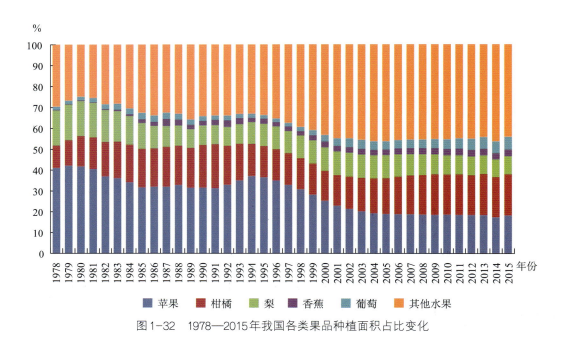

图1-32　1978—2015年我国各类果品种植面积占比变化

3. 区域布局演变趋势

（1）冀鲁豫区、黄土高原区是水果生产的重点区域

从全国园林水果种植面积的地区分布情况看，2015年面积在1 000万hm²以上的省份依次为陕西、广西、广东、河北4个省（自治区）；从产量分布情况来看，2015年产量在1亿t以上的省份依次为山东、河南、河北、陕西、广西、广东、新疆、安徽8个省（自治区）。

（2）水果生产重心逐渐向西南方向移动

我国水果生产重心大致经历了两个阶段：第一阶段，由北向南移动阶段（1978—2000年），全国园林水果生产重心主要向南移动，20年间移动距离为391.18km；第二阶段，由东向西移动阶段（2000—2015年），全国园林水果生产重心主要表现为由东向西移动，15年间移动距离为251.64km（图1-33）。

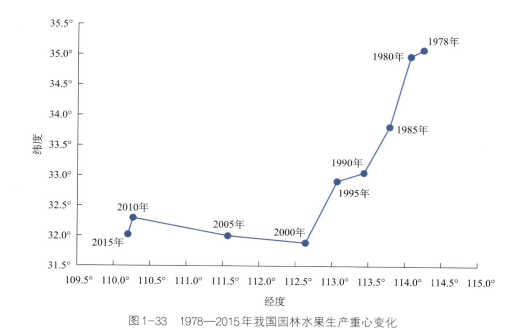

图1-33　1978—2015年我国园林水果生产重心变化

（3）各类果品空间布局差异较大

苹果主要分布在冀鲁豫区和黄土高原区。2015年种植面积排名前五位的地区依次为陕西、山东、甘肃、河北和河南，种植面积在17万hm²以上，种植面积占全国总种植面积的73.12%。

柑橘主产区主要是东南区、西南区和长江中下游区，其他地区仅有零星分布。2015年种植面积排名前五位的地区依次是湖南、江西、广西、广东和四川，种植面积占全国总种植面积的64.92%。

梨主要分布在冀鲁豫区、西南区和长江中下游区，2015年种植面积已达到全国总种植面积的65%以上，产量达68.34%。其他地区也有分布，范围较广。

香蕉基本分布在东南区和西南区，其中西南区香蕉产量增幅较大，由1978年的1.03万t增至2015年的559.84万t，产量比重从12.05%上升至44.91%。

葡萄种植主要分布在冀鲁豫区、蒙新区和东北区。

二、畜牧业结构与区域布局

（一）畜牧业发展概况

1．我国牧业产值呈现逐步增长的趋势

1978—2016年，我国牧业产值呈现逐步增长的趋势。1978—1986年，我国牧业产值从209亿元增长到876亿元，年均增长率为19.62%；从1987年开始，我国牧业产值达到了1 068亿元，至2016年增长到31 703.2亿元，年均增长率为12.40%。改革开放初期，全国的畜牧业产值缓慢增长，其主要原因是我国畜禽养殖业发展规模小，散养户占据多数，牧业整体发展缓慢。到2004年以后，我国牧业产值急剧增长，其主要原因是我国畜禽养殖业在养殖规模和养殖结构方面都发生了很大变化，养殖规模由最初的散养户、小群体小规模转为大中型集约化和规模化养殖场养殖，养殖结构由原来的低产值且饲养品种单一的畜种转为高产值较优良畜种的养殖品种。

2．畜禽存出栏量平稳增长

改革开放以来，随着我国国民经济发展迅速，畜牧业也迎来了蓬勃发展的时期。1978—2016年，我国畜牧业主要养殖牲畜年末存栏量基本都呈现增长趋势（图1-34）。我国大牲畜的存栏量在1994年达到最高，1994年以前存栏量呈现缓慢增长趋势，1994年以后存栏量有减缓趋势；牛的存栏量和大牲畜的存栏量基本保持一致；羊的年末存栏量平均数大约为2亿只，整体呈现逐步增长趋势；猪的年末存栏量普遍较大，1978—2016年呈现波动式上升趋势。1978年我国猪年末存栏量为30 129万头，到2016年达到43 503.7万头，年均增长率为0.97%；羊年末存栏量从1978年的16 994万只增长到2016年的30 112万只，年均增长率为1.52%。

我国主要牲畜1978—2016年出栏量的现状统计情况如图1-35所示。我国生猪的出栏量不断增长，1978年出栏量为16 109.5万头，到2016年增长到68 502万头，年均增长率为3.88%。猪肉是我国的主要畜产品，随着我国人民生活水平提高，对猪肉的需求量也逐渐增大，因此生猪的出栏量也呈逐渐增长的趋势。1978—2016年，我国肉牛和肉羊的出栏量变化趋势基本保持一致，呈现整体稳步增长趋势。1978年我国肉牛出栏量为240.3万头，2016年为5 110万头，年均增长率为8.38%；1978年我国肉羊出栏量为2 621.9万只，2016年为30 694.6万只，年均增长率为6.69%。整体看来，我国肉牛和肉羊的出栏量增长趋势与生猪的趋势有很大的相似性，这与需求量基本呈正比关系。从1986年开始，我国的家禽养殖发展迅速，年内出栏量从1986年的15.79亿只增长到2003年的87.14亿只，年均增长率为10.6%。由于2003年"非典"事件，我国家禽养殖业局部地区虽然受到影响，但总出栏量还是保持增长的趋势，家禽出栏量从2003年的87.14亿只增加到2016年的123.70亿只，年均增长率仅2.7%。

图1-34　1978—2016年我国主要畜禽存栏量变化

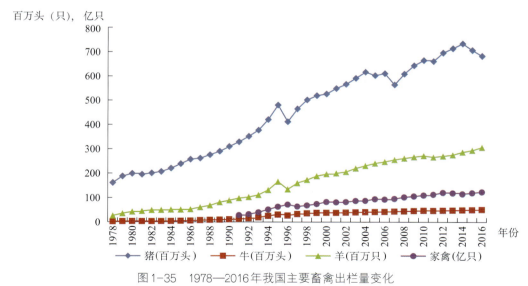

图1-35　1978—2016年我国主要畜禽出栏量变化

3．畜禽产品整体增长迅速

我国畜牧业发展的同时，畜禽产品产量变化也较大。1978—2016年，我国猪牛羊禽肉产量总体呈现增长趋势。中华人民共和国成立初期到改革开放前，我国畜牧业缓慢发展，各种畜产品产量都较少；改革开放以后，人民对畜产品产量需求日益增长，畜产品产量迅速上升，到2016年肉类总产量增长到8 363.5万t，是1985年肉类总产量1 920.9万t的4.35倍（图1-36、图1-37）。奶类产量在2000年以前增长缓慢，随着中国加入世界贸易组织（WTO），人们对牛奶等奶产品的需求量增大，促使奶类产量急剧增长，2005年以后基本保持缓慢增长。

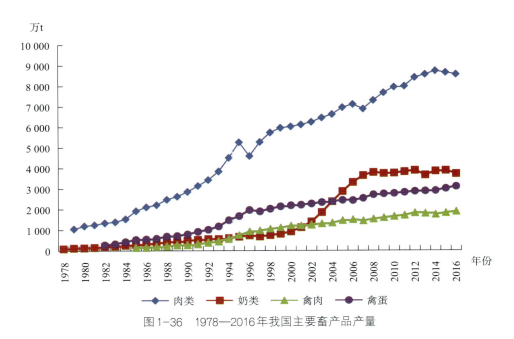

图1-36　1978—2016年我国主要畜产品产量

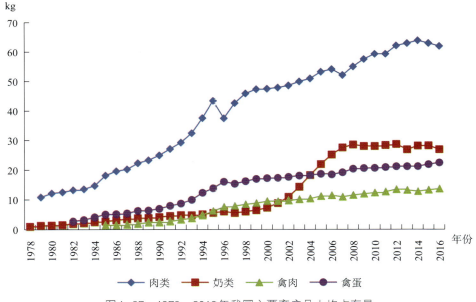

图1-37　1978—2016年我国主要畜产品人均占有量

（二）畜牧业区域布局现状

1. 生猪生产结构与区域布局

从生猪出栏量区域分布来看，四川占据了全国生猪生产大省的地位，2016年生猪出栏量大于6 500万头；河南省和湖南省两个省的生猪出栏量都在5 500万～6 500万头，作为中国农业大省的河南省牧业发展较快，生猪年出栏量普遍较大；山东生猪出栏量在4 500万～5 500万头；云南、广西、重庆、江西、安徽、江苏、河北和辽宁8省（自治区）的生猪出栏量在2 000万～3 500万头；陕西、贵州、浙江、福建、黑龙江和吉林6省的生猪出栏量在1 000万～2 000万头；南部和东南沿海地区如广西、广东、江西、安徽、江苏等省份的生猪出栏量基本保持稳定。总体看来，2016年西北省区生猪出栏量在增加，我国生猪出栏量重心呈现由南向北移动的趋势。2016年生猪出栏量小于500万头的省份有北京、天津、上海、宁夏、青海、新疆、西藏，这些省份受当地地理条件的限制和饲养结构的制约，生猪出栏量都较少（图1-38）。

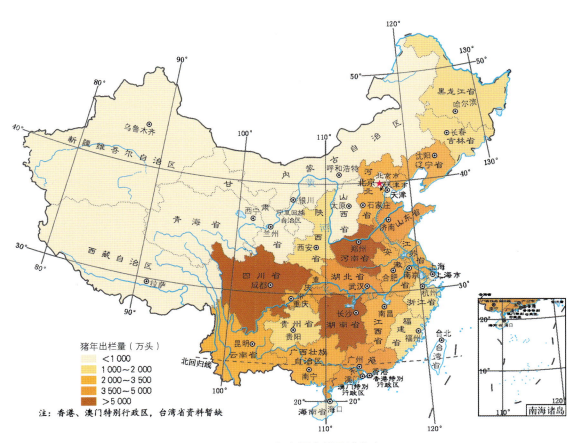

图1-38　2016年中国生猪区域分布

2．肉牛生产结构与区域布局

从肉牛存栏量区域分布来看，河南、四川、云南3省肉牛存栏量最大，都超过了500万头；其次是吉林、内蒙古、甘肃、青海、西藏5省（自治区），年末肉牛存栏量为400万～500万头；肉牛存栏量在300万～400万头的省份是黑龙江、辽宁、山东、贵州、湖南5省；江苏、浙江、福建3省的肉牛存栏量都小于50万头；北京郊区和河北全省的肉牛存栏量为150万～200万头（图1-39）。

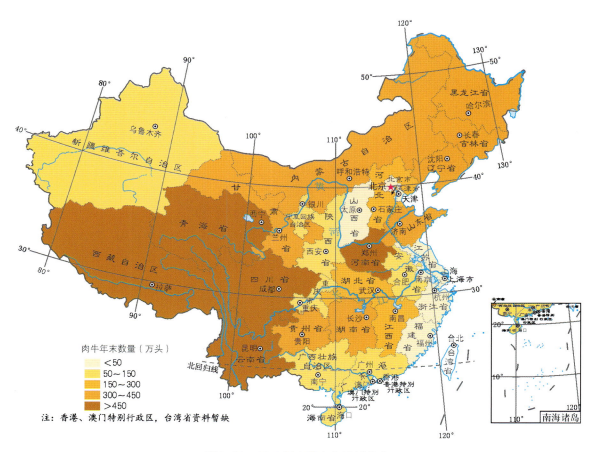

图1-39　2016年中国肉牛区域分布

3．奶牛生产结构与区域布局

从我国奶牛饲养数量分布来看，2016年底我国奶牛存栏量为1 425.4万头，其中新疆、内蒙古是我国奶牛的主要养殖区域，年末奶牛存栏量都大于200万头；其次是河北和黑龙江两省，其存栏量为150万～200万头（图1-40）。由此看出，目前我国奶牛的养殖区域多集中于牧区和半牧区，这也较符合我国牧业发展的基本趋势。从牛奶产量来看，2016年内蒙古牛奶产量734.1万t，黑龙江牛奶产量545.9万t，分别占全国奶类总产量的19.78%和14.71%；其次是河北、河南、山东、辽宁、新疆、陕西和宁夏7省（自治区），牛奶产量占全国总产量的43.50%。

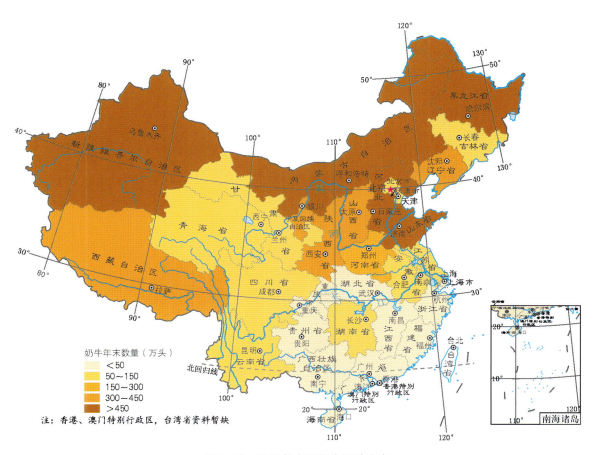

图1-40　2016年中国奶牛区域分布

4．肉羊生产结构与区域布局

我国肉羊养殖主要分布在牧区，且随着社会的发展，羊肉产量也在不断增长。分区域来看，华北区和西北区是肉羊生产的主要区域，其他的普遍较少。从南北来看，牧区以绵羊肉生产为主，长江以北农区生产绵羊肉和山羊肉，长江以南地区以山羊肉生产为主。其中，内蒙古是肉羊的主产区，2016年肉羊出栏量为5 971.3万只；其次是新疆、河北、河南、山东肉羊产区，肉羊出栏量均在2 000万只以上；2016年我国肉羊出栏量为1 000万～2 000万只的省份有甘肃、四川、安徽3个省；青海、云南、宁夏、陕西、山西、湖北、湖南、江苏、黑龙江、辽宁10省

的肉羊出栏量都在500万~1 000万只，而年出栏量小于500万只的省份有西藏、北京、贵州、广东、广西、江西、福建、浙江、吉林9个省（自治区、直辖市）（图1-41）。总体来看，我国肉羊生产也是以牧区和半牧区养殖区域为主，这与奶牛养殖相似。

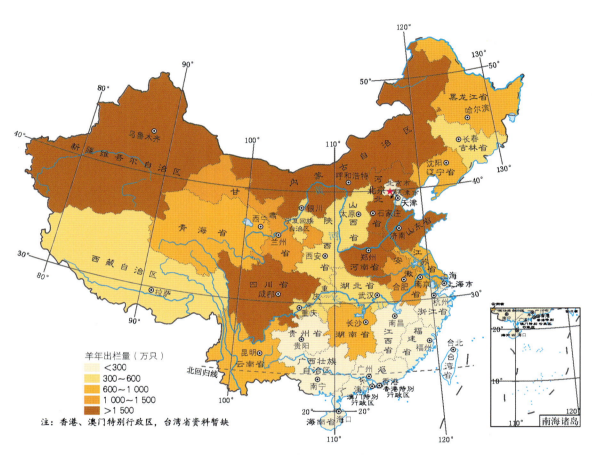

图1-41　2016年中国肉羊区域分布

5．家禽生产结构与区域布局

我国家禽出栏量也受到人口密度和养殖结构等因素影响，在区域空间上呈现出以中东部和东南部为主，西南部和东北部为辅的发展布局。2016年，山东省禽类出栏量达到了18.78亿只，占全国家禽出栏量的15.18%；广西、广东、河南、辽宁4个省（自治区）的禽类出栏量都在8亿~11亿只；四川、河北、安徽和江苏4省的禽类出栏量都在6亿~8亿只（图1-42）。

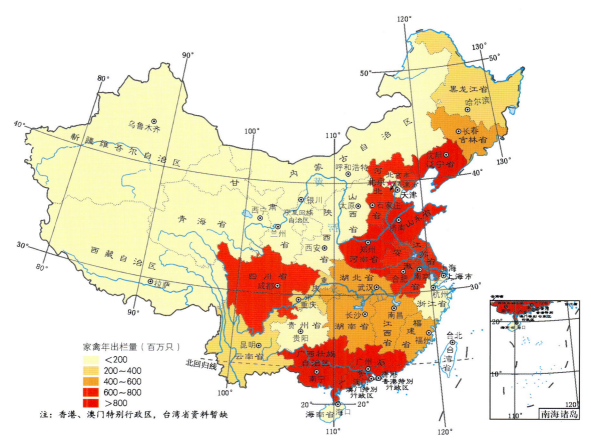

图1-42　2016年中国禽类区域分布

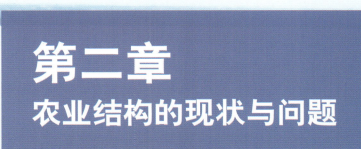

第二章
农业结构的现状与问题

一、农业结构调整的历史回顾和总结

（一）农业结构调整的历史回顾

中华人民共和国成立以来，我国农业结构调整大体可以分为五个阶段，即1949—1978年"以粮为纲，全面发展"的第一阶段；1978—1992年"发展多种经营"的第二阶段；1993—2003年"发展高产、优质、高效农业"的第三阶段；2004—2012年"恢复粮食生产"的第四阶段；2013年至今"农业供给侧改革"的第五阶段。

1．第一阶段（1949—1978年）：以粮为纲

（1）背景

改革开放以前，计划经济和短缺经济形成我国农业的基本背景条件。因此，粮食总量不足的问题是该阶段我国农业的首要问题。同时，历史上我国逐步形成了以种植为主，养殖与家庭手工相结合的传统农业结构。近代以来，农产品商品化也没有改变农村中的自给自足现象，没有从根本上动摇种植业的主体地位和副业的从属地位。

表2-1　1949—1978年我国主要作物人均占有量

单位：kg

年份	粮食	棉花	油料	糖料	园林水果	肉类	水产品
1949	208.95	0.82	4.73	5.23	2.22	4.06	0.83
1952	288.12	2.29	7.37	13.35	4.29	5.89	2.93
1957	306.00	2.57	6.58	18.66	5.09	6.16	4.89
1962	231.93	1.13	3.01	5.68	4.07	2.88	3.43
1965	271.99	2.93	5.07	21.50	4.53	7.60	4.17
1970	293.23	2.78	4.61	19.01	4.58	7.19	3.89
1975	310.47	2.60	4.93	20.89	5.87	8.62	4.81
1978	318.74	2.27	5.46	24.91	6.87	8.90	4.87

（2）特点及效果

针对粮食总量不足的问题，这一阶段我国农业发展的政策主要是"以粮为纲，全面

发展"。农业以种植业为主，种植业以粮食为主，粮食生产又以高产作物为主，核心是追求粮食高产，这对于缓解我国粮食紧缺发挥了一定的作用。因此，这一时期农业结构基本上停留在"农业—种植业—粮食"的低级阶段。

1949—1978年，我国农业结构变化值为13.58%，年结构变化值只有0.47%。1949年，在农业生产结构中，种植业比重高达86.79%，畜牧业占12.40%，林业占0.59%，渔业占0.22%；到1978年，种植业总产值占农业总产值的80.0%，畜牧业占15.0%，林业占3.4%，渔业占1.6%（图2-1）。这种结构充分体现了追求粮食增长的目标，可称为单一的粮食型结构，同时农业结构变化幅度小，农业与林牧渔业的比例始终保持在8∶2以上。

由于这一阶段我国粮食供求矛盾突出，在对"以粮为纲，全面发展"这一政策执行的过程中，过多强调了"以粮为纲"，对全面发展重视不够，因此造成了农业各生产部门比例发展不协调，种植业在农业部门结构中占有绝对大的比例，粮食播种面积在种植业中占据绝对比例，且农业结构长期得不到调整，变动缓慢。由于单一的农业生产结构不能有效地组织生产，严重限制了农村不同地区自然资源和社会资源比较优势的充分发挥，不能满足社会农产品需求，农业发展与经济发展严重不协调；单一的农业经营形式造成相当数量的自然资源不合理利用，以致实行掠夺式经营，从而使农业生态环境遭到破坏。

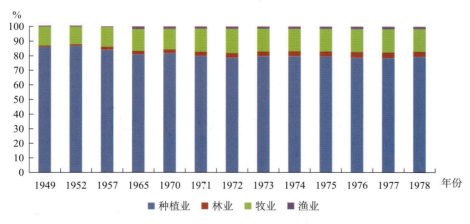

图2-1　1949—1978年我国农林牧渔总产值构成

2．第二阶段（1979—1992年）：多种经营

（1）背景

改革开放以前，我国传统的农业结构显然不符合农业经济发展规律。单一的农业结

构导致的是低效益的农业发展，所以，长期以来，我国农产品供不应求，无法满足社会对农产品多种多样的需要，20世纪70年代末曾出现粮、棉、油、糖都不得不大量进口的局面。在这种结构下，由于粮食生产是"纲"，为了片面追求粮食生产，不顾自然条件、弃草种粮、毁林开荒、围湖造田等行为，不仅使许多自然资源得不到充分利用，而且破坏了生态环境，造成森林的过量采伐、草原的超载过牧、水域的酷渔滥捕，影响了农业生产的良性循环。这种单一的农业结构是不合理的，调整不可避免。

（2）特点及效果

1979年《中共中央关于加快农业发展若干问题的决议》明确指出："要有计划地逐步改变我国农业的结构和人们的食物构成，把只重视粮食种植业，忽视经济作物种植业和林业、牧业、副业的状况转变过来。"同时强调指出，"在抓紧粮食生产的同时，认真抓好棉花、油料、糖料等各项经济作物，抓好林业、牧业、副业、渔业，实行粮食和经济作物并举，农、林、牧、副、渔五业并举。"

1981年，中央转发了国家农委《关于积极发展农村多种经营的报告》的通知，改变了过去"以粮为纲"的发展导向，提出"绝不放松粮食生产，积极发展多种经营"的方针，要求农业同林业、牧业、渔业和其他副业，粮食生产同经济作物生产之间要保持合理的生产结构，实现农林牧副渔全面发展。这一次农业结构调整，使我国农业经济有了很大的发展，标志着我国农业结构调整进入一个新时期，农业结构调整效果显著。农业的发展速度加快，缩短了与工业和服务业之间的差距，农业同其他产业协调发展，农业结构趋于合理。

以种植业为主体的传统农业结构开始转向农林牧渔全面发展的农业结构。从农业产值看，到1985年，农、林、牧、渔占比分别为69.2%、5.2%、22.1%、3.5%，其中种植业比重较1978年降幅超过10个百分点，林、牧、渔分别增长了1.8个、7.1个、1.9个百分点；从作物播种面积结构看，以粮食为绝对主体的态势得到调整，粮食作物比重呈减小趋势，粮食作物、经济作物和其他作物占比分别为75.8%、15.6%和8.6%，经济作物的比重较1978年提高了6个百分点；到1992年，粮食作物种植面积比重较1978年下降了6.1个百分点，棉、油、糖、蔬则分别增加了1.54个、2.96个、1.72个和2.54个百分点（图2-2）。此外，农业生产率提高，粮食产量达到历史最高，平均每年递增近5%，基本解决了温饱问题；棉花、油料、肉类产量分别以19.3%、14.8%、10.3%的速度递增，农业得到全面发展，城乡居民的生活水平得到改善，基本扭转了农产品长期供给不足的局面。

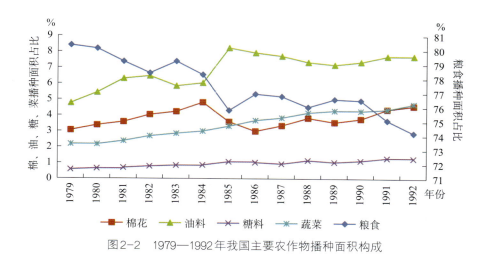

图2-2 1979—1992年我国主要农作物播种面积构成

3. 第三阶段（1993—2003年）：优质高效

（1）背景

经过上一个阶段的农业结构调整，农业生产连续几年大幅度增长，加上大量进口，1984年后我国出现中华人民共和国成立以来首次农产品"卖难"问题。粮食、棉花等主要农产品供大于求，库存积压严重，农民"卖粮难"、粮库收购农产品"打白条"现象严重，其他农产品也普遍销售不畅，农产品市场价格跌落。与此同时，其他多数农产品（如经济作物、畜产品等）仍然供应不足。农产品供求结构失衡，是当时农业生产结构不合理最突出的表现。为了解决大宗农产品的"卖难"问题、农民收入，政府出台了农业调整政策，提出发展高产优质高效农业。

（2）特点及效果

1992年，国务院发布了《关于发展高产优质高效农业的决定》，提出"以市场为导向继续调整和不断优化农业生产结构"，主张农业应当在继续重视产品数量的基础上，转向高产、优质并重，提高经济效益。1993年《中共中央关于建立社会主义市场经济体制的决定》进一步强调，"要适应市场对农产品消费需求的变化，优化品种结构，使农业朝着高产、优质、高效的方向发展。"

以市场为导向的农业结构调整加快推进，粮食作物和经济作物的配置趋向合理。林果业、畜牧业、水产业比重上升，乡镇企业突飞猛进，工业、采矿业、建筑业、运输业、商业和其他服务业获得迅速发展。单一经营和城乡分割的产业结构已经被突破，农村经济正转向多部门综合经营。计划经济体制下农业—种植业—粮食高度单一的农业结构已经在这一阶段大大改善，传统的粮食—经济作物二元结构逐步转向粮—经—饲三元

结构，农业内部各部门之间的关系也趋向合理。

这一阶段，农业综合生产能力显著增强，粮食和其他农产品大幅度增长，由长期短缺到"总量平衡、丰年有余"，基本解决了全国人民的吃饭问题，农产品的供应提高了城乡居民的生活水平。全国水产品、奶类、禽蛋、牛羊肉产量大幅度增长，猪肉产量基本持平，林产品产量略有增加。2003年，肉类、奶类、禽蛋类、海产品产量和内陆水域产品产量分别较1993年增长了67.7%、227.9%、97.8%、116.8%和133.5%（表2-2）。

表2-2　1993—2003年畜牧业、渔业主要产品产量

单位：万t

年份	肉类	奶类	禽蛋类	水产品总产量	海产品产量	内陆水域产品产量
1993	3 841.5	563.7	1 179.8	1 823.0	1 076.0	747.0
1994	4 499.3	608.9	1 479.0	2 143.2	1 241.5	901.7
1995	5 260.1	672.8	1 676.7	2 517.2	1 439.1	1 078.0
1996	4 584.0	735.8	1 965.2	3 288.1	2 012.9	1 275.2
1997	5 268.8	681.1	1 897.1	3 118.6	1 888.1	1 230.5
1998	5 723.8	745.4	2 021.3	3 382.7	2 044.5	1 338.1
1999	5 949.0	806.9	2 134.7	3 570.1	2 145.3	1 424.9
2000	6 013.9	919.1	2 182.0	3 706.2	2 203.9	1 502.3
2001	6 105.8	1 122.9	2 210.1	3 795.9	2 233.5	1 562.4
2002	6 234.3	1 400.3	2 265.7	3 954.9	2 298.5	1 656.4
2003	6 443.3	1 848.6	2 333.1	4 077.0	2 332.8	1 744.2

4. 第四阶段（2004—2012年）：恢复粮食生产

（1）背景

1998年以来，我国粮食出现了"三个下降"：粮食总产量下降，由当时的51 229.5万t下降到2003年的43 069.5万t；粮田面积下降，从1998年的17.07亿亩下降至2003年的14.91亿亩；粮食人均产量下降，由1996年的414kg下降至2003年的335kg。1999年以来，我国粮食消费需求大致为4.8亿～4.9亿t，而粮食产量连续4年徘徊在4.5亿t左右，粮食已连续4年产不足需，这几年全国粮食当年产需缺口在3 000万～4 000万t，2003年达到4 500万～5 500万t。1999—2003年，全国粮食总产量累计减少7 720万t。2000年出现粮食生产波动，比1999年减产4 620万t，减幅为9.1%。2001年又比2000年减产960万t，减幅为2.1%。2002年粮食总产量为4.57亿t，比2001年增产1%。2003年

为4.31亿t，比2002年减产5%，人均占有量只有335kg，达到20年来最低点。

随着粮食生产比较效益下降，耕地面积连年减少，发展高效非粮作物使粮食安全产量大幅下跌，暴露出粮食安全隐患，提高粮食综合生产能力成为新阶段结构调整的重心和基础。

（2）特点及效果

2004—2006年中央1号文件都提出，要按照高产、优质、高效、生态、安全的要求，调整优化农业结构，并将国家粮食安全提升到新的战略高度。2004年国家出台并实施了粮食最低收购价政策。2007年中央1号文件提出，"建设现代农业，必须注重开发农业的多种功能，向农业的广度和深度进军，促进农业结构不断优化升级。"2008年中央1号文件提出，"确保农产品有效供给是促进经济发展和社会稳定的重要物质基础"，要求"必须立足发展国内生产，深入推进农业结构战略性调整，保障农产品供求总量平衡、结构平衡和质量安全。"同年，党的十七届三中全会通过了《关于推进农村改革发展若干重大问题的决定》，要求继续"推进农业结构战略性调整"。2009年国家发展改革委启动"全国新增千亿斤粮食生产能力"项目。2012年中央1号文件提出"千方百计稳定粮食播种面积，扩大紧缺品种生产，着力提高单产和品质"，"支持优势产区加强棉花、油料、糖料生产基地建设，进一步优化布局、主攻单产、提高效益。"

通过政策梳理可以发现，这一阶段农业结构调整的主要措施包括以下方面：一是稳定粮食生产，通过稳定播种面积、提高单产水平、改善品种结构以及促进粮食转化增值，保障国家粮食安全；二是优化区域布局，培育和建设优势区域的优势产品和特色农业（高强、孔祥智，2014）。随着这一阶段农业结构战略性调整的深入推进，生产经营方式发生重大变化，主要农产品生产逐渐向优势产区集中，生产主体和生产方式出现分化。粮、棉、油、糖等大宗农产品生产虽仍以分散的农户为主体，但在补贴和价格政策的支持和引导下，逐步向优势产区集中，产量稳步提高；瓜果、蔬菜、花卉等园艺产品和畜禽等产品生产主体逐步向专业化、规模化农户转变，集约化和设施化程度大幅度提高，技术水平快速提升，生产周期大大缩短。同时，经过这一阶段的农业结构调整，农业产业结构进一步改善、产品结构明显优化、区域布局日趋合理，农产品"卖难"问题得到了有效缓解。

5．第五阶段（2013年至今）：农业供给侧结构改革

（1）背景

因劳动力成本、土地成本等持续攀升等原因，国内粮价高出国际市场30%～50%，

竞争力缺乏，小规模、高成本的农业生产模式难以持续。因消费结构升级、价格机制问题等，部分农产品供需结构矛盾突出，大豆供小于求、进口激增，玉米供大于求、库存高企，出现了粮食生产量、进口量和库存量"三量齐增"现象。此外，我国农业生产粗放，单位耕地化肥、农药使用量偏高、利用率低，农业面源污染问题严重，优质、绿色、安全农产品供给不能满足需求，农业拼资源、拼投入的传统老路难以为继。

（2）特点及效果

2013年中央1号文件提出，"确保国家粮食安全，保障重要农产品有效供给，始终是发展现代农业的首要任务"，并提出"必须毫不放松粮食生产，加快构建现代农业产业体系，着力强化农业物质技术支撑。"2013年中央1号文件提出的新型农业经营主体建设，既是农业结构调整的基础，又促进了农产品的优质化、安全化和农业产业化。2013年11月，党的十八届三中全会通过的《中共中央关于全面深化改革若干重大问题的决定》提出："坚持家庭经营在农业中的基础性地位，推进家庭经营、集体经营、合作经营、企业经营等共同发展的农业经营方式创新。"这是构建新型农业经营体系的核心内容。党的十八届三中全会还强调"鼓励承包经营权在公开市场上向专业大户、家庭农场、农民合作社、农业企业流转，发展多种形式规模经营"，为新时代的农业结构调整打下了坚实的基础。2014年中央1号文件高度重视粮食安全问题，明确要求实施"以我为主、立足国内、确保产能、适度进口、科技支撑"的国家粮食安全新战略，提出确保"谷物基本自给、口粮绝对安全"的国家粮食安全新目标。

2015年11月习近平总书记主持召开的中央财经领导小组第11次会议提出，"在适度扩大总需求的同时，着力加强供给侧结构性改革。"2015年12月召开的中央经济工作会议，将推进供给侧结构性改革提到新的战略高度。"十三五"规划纲要进一步明确要求，"以提高发展质量和效益为中心，以供给侧结构性改革为主线，扩大有效供给，满足有效需求，加快形成引领经济发展新常态的体制机制和发展方式。"2015年12月召开的中央农村工作会议要求，"着力加强农业供给侧结构性改革，提高农业供给体系质量和效率，真正形成结构合理、保障有力的农产品有效供给。"2016年中央1号文件进一步提出，"推进农业供给侧结构性改革，加快转变农业发展方式，保持农业稳定发展和农民持续增收。"

随着农业供给侧结构性改革大力推进，我国农业结构进一步调整优化，农业质量效益竞争力明显提高。2016年我国口粮生产保持稳定，库存压力大的玉米调减3 000万亩以上，市场紧缺的大豆面积增加900万亩以上，南方水网地区生猪存栏调减1 600万头，优质草食畜牧业稳健发展，水产健康养殖面积比重超过35%，专用型、优质化农产品明显增加，"三品一标"总数达10万多个。为促进农业布局结构优化，2016年我国积极调减非优势产区玉米面积，引导东北优势产区大豆面积同比增加17%以上。为优化农业要素投入结构，全国节水技术推广面积超过4亿亩，化肥减量增效示范区达到200个，农业废弃物资源化利用试点示范全面推进，资源利用率全面提高。此外，我国积极推进耕地轮作休耕制度试点，轮作休耕面积达到616万亩。

表2-3　各阶段我国农业结构调整背景和特点

	背景	特点	效果
第一阶段 (1949—1978年)	改革开放以前，计划经济和短缺经济形成我国农业的基本背景条件。粮食总量不足成为农业首要问题	"以粮为纲，全面发展"，农业以种植业为主，种植业以粮食为主，粮食生产又以高产作物为主，核心是追求粮食高产	农业结构基本上停留在"农业—种植业—粮食"的低级阶段，结构单一，多种经营的发展严重不足
第二阶段 (1979—1992年)	长期以来，单一的农业结构导致低效益的农业发展，农产品供不应求，无法满足社会对农产品多样化的需要	"绝不放松粮食生产，积极发展多种经营"，农业同林、牧、副、渔业，粮食生产同经济作物生产之间要保持合理的生产结构，实现农林牧副渔全面发展	农林牧渔业全面发展；粮食作物的播种面积比重呈减小趋势，农业结构向合理化的方向转变；农业生产率提高，粮食产量达到历史最高，基本解决温饱问题
第三阶段 (1993—2003年)	农产品供求结构失衡，粮食、棉花等主要农产品供大于求，库存积压严重，农民"卖粮难"、农产品市场价格跌落	适应市场对农产品消费需求的变化，优化品种结构，使农业朝着高产、优质、高效的方向发展	农业综合生产能力显著增强，林果业、畜牧业、水产业比重上升，粮食和其他农产品大幅度增长，由长期短缺到"总量平衡、丰年有余"
第四阶段 (2004—2012年)	1998年以来，我国粮食出现了"三个下降"：粮食总产量下降、粮田面积下降、粮食人均产量下降，作物非粮化问题出现，暴露粮食安全隐患	中央逐步将国家粮食安全提升到新的战略高度，提高粮食综合生产能力成为新阶段结构调整的重心和基础	生产经营方式发生重大变化，生产主体和生产方式出现分化。粮、棉、油、糖等大宗农产品产量稳步提高，区域布局日趋合理，农产品"卖难"问题得到了有效缓解
第五阶段 (2013年至今)	部分农产品供需结构矛盾突出，出现了粮食生产量、进口量和库存量"三量齐增"现象。农业面源污染问题严重，优质、绿色、安全农产品供给不能满足需求，农业拼资源、拼投入的传统老路难以为继	推进农业供给侧结构性改革，加快转变农业发展方式，扩大有效供给，满足有效需求	—

（二）农业结构调整的经验总结

1．保护和提升粮食综合生产能力是农业结构调整的基础和前提

在以往的农业结构调整过程中，部分地方出现过放松粮食生产的倾向，错误地认为调整结构就是调减粮食面积，需要吸取教训。我国人口众多，完全依靠进口不可能解决中国人的吃饭问题，中国的粮食安全必须掌握在自己的手里。在农业结构调整中必须保障粮食综合生产能力和粮食安全，只有解决好粮食安全问题，才能巩固结构调整的成果。

2．满足人民群众的消费需求和消费结构变化是推进农业结构调整的动力

随着人们生产水平的提高，农产品市场需求结构开始发生变化，消费需求多元化，拉动了园艺、畜牧、水产品等产量的快速增长。此外，消费者对农产品质量安全逐渐重视，推动了无公害农产品、绿色食品和有机产品的消费。农业结构调整要适应消费需求的变化，从供给侧上调整农业生产结构。

3．增加农民收入是检验农业结构调整成效的主要标准

农民既是结构调整的实施主体，也是结构调整的受益者。增加农民收入是农业结构调整的重要目标之一。因此，要把农民增加多少收入、得到多少实惠作为衡量结构调整成效的主要标准。

4．发挥比较优势是推进农业结构调整的关键

结构调整过程中要综合考虑产业基础、区位优势、资源禀赋、市场条件等各方因素，发挥各地区比较优势，合理布局农业生产力，防止盲目跟风，避免"一窝蜂"现象。

二、农业结构的现状及特点

（一）作物结构

截至2015年，我国粮食产量实现了"十二连增"，粮食播种面积和单位面积产量均有所提高。我国用占世界不足10%的耕地养活了世界近20%的人口，这是长期以来农业发展对我国社会发展做出的重大贡献。

1．粮食作物和蔬菜播种面积所占比例不断增加

随着新一轮的农业结构调整战略实施和人民生活水平、生活质量的提高，我国粮食作物面积和蔬菜面积占农作物种植面积比例不断增加。2003年，全国农作物播种总

面积为22.86亿亩，其中粮食作物和蔬菜播种面积分别为14.91亿亩和2.69亿亩，分别占总面积的65.22%和11.78%，到2015年，粮食作物和蔬菜播种面积分别占68.13%和13.22%，较2003年分别提高了2.91个、1.44个百分点（图2-3）。

2. 粮食生产结构中玉米快速增加，大豆和小杂粮不断萎缩

2003—2015年，玉米面积从3.61亿亩增加至5.72亿亩，玉米面积占粮食面积比重从24.2%增加至33.6%，增加9.4个百分点；大豆、薯类、小杂粮面积分别减少0.42亿亩、0.13亿亩、0.35亿亩，占粮食面积比重分别降低3.6个、2.0个和3.0个百分点（图2-4）。应该注意的是，粮食面积迅速恢复的同时，粮食作物的多样性正在不断减少。粮食生产结构调整，特别是将单产较低的小杂粮、大豆、薯类改为单产较高的玉米，对期间粮食增产有着巨大贡献。在2004—2015年的粮食"十二连增"中，粮食生产结构变化对粮食增产贡献率约为17.9%，粮食面积增长贡献率为45.0%。

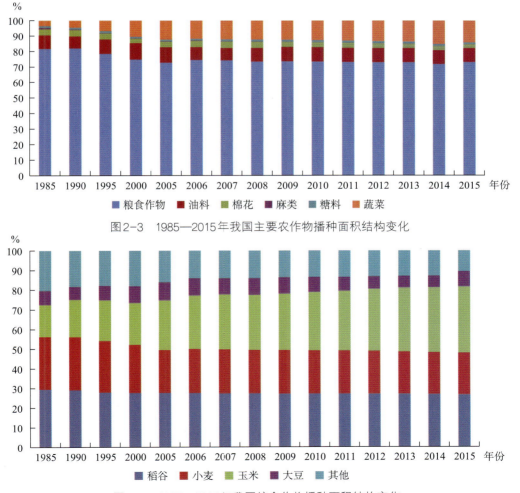

图2-3　1985—2015年我国主要农作物播种面积结构变化

图2-4　1985—2015年我国粮食作物播种面积结构变化

3．油料和棉花播种面积下降

受2008年开始的水稻和玉米价格持续上涨的影响，大豆比较效益下降明显，播种面积连年下降，近些年油料作物面积占比整体保持在8.5%左右，但比2005年的9.21%还是有明显减少。1990年以来，我国棉花种植面积呈现出持续下降的趋势，面积占比也由1990年的3.77%降为2015年的2.28%（图2-3）。

4．以药菜果茶为代表的园艺作物和设施园艺快速发展

2003年蔬菜（含瓜果类）和中药材在农作物播种面积占比分别为13.3%和0.8%，2015年扩大到14.8%和1.2%；果园和茶园面积占种植业生产面积的比重由2003年的5.8%和0.7%增加至2015年的7.0%和1.5%。设施园艺迅猛发展，在农业中所占比重不断提高。根据农业部农业机械化管理司统计，2015年我国种植业设施面积已达3 252.6万亩，比2005年扩大2.28倍，其中连栋温室69.3万亩、日光温室1 046.1万亩、塑料大棚2 082.8万亩，比2005年分别增加43.5倍、3.80倍和1.89倍。2015年，我国的蔬菜人均占有量571kg，是世界平均水平的3.5倍；水果人均消费量比世界平均水平高出20kg。蔬菜和水果产能过剩、比重偏大，并且出现区域性、季节性供大于求。

（二）种养结构

种植业比重不断增加，养殖业（牧业和渔业）比重有所降低。2015年，全国农业总产值为107 056.4亿元。其中种植业产值为57 635.8亿元，占总产值的53.84%；林业产值4 436.4亿元，占总产值的4.14%；畜牧业产值29 780.4亿元，占27.82%；渔业产值10 880.6亿元，占10.16%。与2005年相比，2015年全国农业总产值增长了2.61倍，种植业和副业比重分别增加了3.76个和0.99个百分点，牧业和渔业比重分别降低了4.31个、0.41个百分点。整体来看，10年来种植业总产值所占比重在前五年基本维持在50%左右浮动，后五年由于国家将农业结构战略调整重点放到恢复粮食生产上来，种植业产值比重逐年提升，均保持在50%以上；林业产值比重同样在前五年在3.7%左右波动，后五年逐年有小幅提升；畜牧业比重在32%左右波动，近五年来呈现持续下降的态势；渔业产值比重相对较为稳定，基本维持在9%～10%上下小幅波动。

表2-4　2005—2015年我国农业各产业产值及结构

单位：亿元，%

年份	农业总产值						构成				
	合计	种植业	林业	牧业	渔业	副业	种植业	林业	牧业	渔业	副业
2003	29 691.8	14 870.1	1 239.9	9 538.8	3 137.6	905.3	50.08	4.18	32.13	10.57	3.05
2004	36 239.0	18 138.4	1 327.1	12 173.8	3 605.6	994.1	50.05	3.66	33.59	9.95	2.74
2005	39 450.9	19 613.4	1 425.5	13 310.8	4 016.1	1 085.1	49.72	3.61	33.74	10.18	2.75
2006	40 810.8	21 522.3	1 610.8	12 083.9	3 970.5	1 623.4	52.74	3.95	29.61	9.73	3.98
2007	48 893.0	24 658.1	1 861.6	16 124.9	4 457.5	1 790.8	50.43	3.81	32.98	9.12	3.66
2008	58 002.1	28 044.2	2 152.9	20 583.6	5 203.4	2 018.2	48.35	3.71	35.49	8.97	3.48
2009	60 361.0	30 777.5	2 193.0	19 468.4	5 626.4	2 295.7	50.99	3.63	32.25	9.32	3.80
2010	69 319.8	36 941.1	2 595.5	20 825.7	6 422.4	2 535.1	53.29	3.74	30.04	9.26	3.66
2011	81 303.9	41 988.6	3 120.7	25 770.7	7 568.0	2 856.0	51.64	3.84	31.70	9.31	3.51
2012	89 453.0	46 940.5	3 447.1	27 189.4	8 706.0	3 170.1	52.47	3.85	30.40	9.73	3.54
2013	96 995.3	51 497.4	3 902.4	28 435.5	9 634.6	3 525.4	53.09	4.02	29.32	9.93	3.63
2014	102 226.1	54 771.6	4 256.0	28 956.3	10 334.3	3 908.0	53.58	4.16	28.33	10.11	3.82
2015	107 056.4	57 635.8	4 436.4	29 780.4	10 880.6	4 323.2	53.84	4.14	27.82	10.16	4.04

（三）产业结构

1．第一产业产值占比和从业人员占比下降明显

2015年我国第一产业增加值占国民生产总值（GDP）比重为8.8%，较2003年下降了3.5%，第二产业比重降为40.9%，第三产业比重增加到50.2%，这一趋势符合产业发展演变规律。从就业结构看，第一产业从业人员比重持续下降，第二产业从业人员经历了先升高后降低的过程，第三产业从业人员持续增长。

表2-5　三次产业GDP结构与就业结构

单位：%

年份	GDP结构			就业结构			就业结构与GDP结构偏差		
	第一产业	第二产业	第三产业	第一产业	第二产业	第三产业	第一产业	第二产业	第三产业
2003	12.3	45.6	42.0	49.1	21.6	29.3	36.8	−24.0	−12.7
2004	12.9	45.9	41.2	46.9	22.5	30.6	34.0	−23.4	−10.6
2005	11.6	47.0	41.3	44.8	23.8	31.4	33.2	−23.2	−9.9
2006	10.6	47.6	41.8	42.6	25.2	32.2	32.0	−22.4	−9.6

（续）

年份	GDP结构			就业结构			就业结构与GDP结构偏差		
	第一产业	第二产业	第三产业	第一产业	第二产业	第三产业	第一产业	第二产业	第三产业
2007	10.3	46.9	42.9	40.8	26.8	32.4	30.5	−20.1	−10.5
2008	10.3	46.9	42.8	39.6	27.2	33.2	29.3	−19.7	−9.6
2009	9.8	45.9	44.3	38.1	27.8	34.1	28.3	−18.1	−10.2
2010	9.5	46.4	44.1	36.7	28.7	34.6	27.2	−17.7	−9.5
2011	9.4	46.4	44.2	34.8	29.5	35.7	25.4	−16.9	−8.5
2012	9.4	45.3	45.3	33.6	30.3	36.1	24.2	−15.0	−9.2
2013	9.3	44.0	46.7	31.4	30.1	38.5	22.1	−13.9	−8.2
2014	9.1	43.1	47.8	29.5	29.9	40.6	20.4	−13.2	−7.2
2015	8.8	40.9	50.2	28.3	29.3	42.4	19.5	−11.6	−7.8

2．农产品加工业发展迅速，成为产业融合的重要力量

首先，农产品加工业规模水平提高，2015年全国规模以上的农产品加工企业达到7.8万家，完成主营业务收入近20万亿元，"十二五"时期年均增长超过10%，农产品加工业与农业总产值比由1.7∶1提高到约2.2∶1，农产品加工转化率达到65%。农产品加工企业数量增多，规模化加快，2003—2015年全国规模以上的农产品加工企业从5万家（年销售收入500万元以上）增加到7.8万家（年销售收入2 000万元以上），大中型企业比例达到16%以上。在食品加工业中，大中型企业已占到50%以上；在肉类加工企业中，大中型企业占到10%，但其资产总额却占60%以上，销售收入和利润占50%以上（农业部农产品加工局，2015）。农产品加工产业加速集聚，初步形成了东北地区和长江流域水稻加工、黄淮海地区优质专用小麦加工、东北地区玉米和大豆加工、长江流域优质油菜籽加工、中原地区牛羊肉加工、西北和环渤海地区苹果加工、沿海和长江流域水产品加工等产业聚集区。其次，带动能力增强，建设了一大批标准化、专业化、规模化的原料基地，辐射带动1亿多农户。

3．农林牧渔服务业快速发展，拓展了产业融合新领域

2015年全国农林牧渔服务业占农业总产值比重达4.04%，较2003年增长1.04%。全国各类涉农电商超过30 000家，农产品电子商务交易额达到1 500多亿元。随着互联网技术的引入，涉农电商、物联网、大数据、云计算、众筹等亮点频出，农产品市场流通、物流配送等服务体系日趋完善，农业生产租赁业务、农商直供、产地直销、食物短

链、社区支农、会员配送等新型经营模式不断涌现。休闲农业和乡村旅游呈暴发增长态势，2015年全国年接待人数达22亿人次，经营收入达4 400亿元，"十二五"期间年均增速超过10%；从业人员790万人，其中农民从业人员630万人，带动550万户农民受益。

（四）空间结构

1．粮食作物集聚特征明显

我国水稻种植主要集聚在长江中下游地区和东北地区，这两个地区水稻种植的基础性地位不可动摇。从种植面积来看，2003年长江中下游地区和东北地区水稻面积分别占到全国的47.88%和9.05%，这一数据在2015年增加到49.62%和15.00%。水稻生产重心呈自南向北转移的态势，其中黑龙江变化趋势最为显著，从占全国4.87%增长到10.42%。

小麦空间分布格局基本保持稳定，主要分布在华北平原和黄淮海平原，并进一步向优势区域集中。2003年，豫、鲁、皖、冀、苏5省小麦种植面积占全国62.44%，2015年增长到67.02%。西北地区除了新疆种植面积增加近一倍，陕、甘、宁、青4省（自治区）小麦种植面积和产量均呈下降趋势，这有利于小麦生产向适宜地区集中分布。

玉米是一种粮饲兼用的高产作物，主要分布在东北地区和华北平原，且向东北地区集聚趋势明显。东北地区种植面积由2003年占全国的32.02%增加到2015年的40.52%，华北平原由2003年占比34.06%降为2015年30.02%。

2．棉花种植呈现"一疆独大"的趋势

我国是世界上最大的棉花生产国和消费国，棉花是我国重要的经济作物。2003年以来，我国棉花种植面积整体下降，棉花主产区主要包括新疆棉区、黄淮海棉区和长江流域棉区，空间格局上呈现出新疆一核集聚的态势。2003年，新疆棉花种植面积占全国20.65%，河南（18.13%）、山东（17.25%）和河北（11.38%）次之，长江流域的安徽、江苏和湖北占比也均超过5%。到2015年，新疆占比达到51.54%，历史上首次超过全国一半；山东以13.95%次之，河北、湖北和安徽占比不到10%，2003年仅次于新疆的河南在2015年棉花种植面积下降到仅占全国3.25%。

3．大豆种植面积下降明显，区域格局基本稳定

受近年来国际市场价格冲击，我国大豆种植面积不断下降，2015年总面积较2003年下降了30.14%。从区域布局来看，多年来大豆种植空间格局较为稳定，主产区主要

分布在黑龙江、安徽、内蒙古和河南四省（自治区），2015年这4省（自治区）种植面积占全国63.29%，比2003年提高了4.82个百分点，西南和华北也分别占到全国的9.03%和6.8%。

4. 糖料种植不断向西南集聚，广西占比过半

我国是世界第三大糖料主产国、第二大食糖消费国，近年来糖料种植面积持续增加，主产区向西南地区集聚过程明显。2003年，桂、滇、粤三省糖料种植面积占全国69.81%，到2015年增加到83.36%，其中广西壮族自治区就占到全国56.07%，成为我国糖料生产第一大省。新疆、内蒙古、海南和贵州糖料种植业各占到全国1%～4%，其余省份占比均不到1%。

5. 畜牧业肉类产品地理集聚程度有所降低，生产格局变化呈现北移趋势

多年来我国畜牧业南北分异格局逐步形成，畜牧业产业平均集聚度不断下降，生产重心逐步北移，高度地理集聚区集中分布在北方地区。从主要畜禽出栏量前五位省份分布的变化看，肉类产品生产的地区性垄断趋势不断降低。猪出栏量前五位省区占全国比例由2003年的42.03%降到2015年的40.50%，其中四川、湖南和河北占比下降，河南、山东和湖北占比提高；牛出栏量前五位省份占全国比例由2003年的48.05%降到2015年的38.99%，下降趋势明显，且前五个省份各自占比都有下降，四川、辽宁和黑龙江占比有所提升；羊出栏量前五位省份占全国比例基本稳定，略有下降，从2003年57.48%降到2015年的56.38%，其中内蒙古增长明显，2015年占比为18.99%，较2003年增长了7.94个百分点。

三、农业结构存在的主要问题

尽管长期以来我国农业结构调整取得了阶段性成果，但由于农业问题的复杂性和艰巨性，多轮结构调整过后依然存在诸多难点和问题，包括多年来尚未解决的老问题以及新形势下出现的新困难。

（一）作物结构：玉米多，大豆油料少，饲（草）料少

截至2015年，我国粮食实现了"十二连增"，粮食供求总量已实现基本平衡。但从不同品种粮食作物来看，小麦产需基本平衡、稻谷平衡有余，玉米出现阶段性供大于

求，大豆缺口逐年扩大。棉花、油料、糖料受资源约束和国际市场冲击，生产出现下滑，缺口逐年扩大，需求旺盛的优质饲（草）料供给不足。有效供给不能适应市场需求的变化，因此亟待推进农业供给侧结构性改革，调整优化结构，提升发展质量。

玉米供大于求，库存大幅增加，种植效益降低。在粮食"十二连增"中，粮食累计增产1.9亿t，其中有1亿t来自玉米的增产，占比57%。相较而言，稻谷和小麦虽然也在增产，但是增速明显落后于玉米。稻谷和小麦基本保持供求平衡，但玉米受国内消费需求增长放缓、替代产品进口冲击等因素影响，出现了暂时的过剩，库存增加较多。从长远看，受生态环境受损、资源承载能力越来越接近极限等因素的制约，亟待调整农业结构，加快转变发展方式，走高产高效、资源节约、绿色环保的农业可持续道路。

大豆面积、产量双下降，对外依存度过高。2004年以来，我国大豆面积和产量同步下降，2015年种植面积和产量较2004年分别下降了32.15%和32.28%（图2-5）。同时，在经济全球化以及我国肉类及禽蛋需求保持刚性增长的大背景下，国内大豆在质量和价格上都处于劣势，我国大豆进口数量保持快速增长，大豆依存度逐年攀升。2015年共进口大豆8 169万t（其中12月进口量高达911.19万t，为历史次高），是国内生产量的6.8倍，约占世界大豆贸易量的70%、国内消费量的87%，在所有农产品中进口依存度最高。

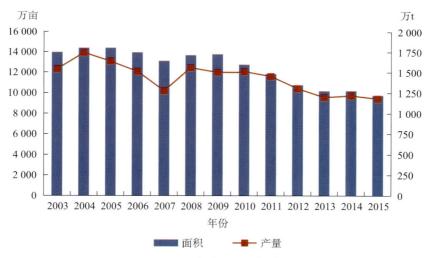

图2-5　2003—2015年我国大豆播种面积及产量

优质饲草缺乏，产业现状与饲（草）料需求不匹配。天然草场严重超载。根据2015年全国草原检测报告显示，2015年全国重点天然草原的平均牲畜超载率为13.5%，全国268个牧区半牧区县（旗、市）天然草原的平均牲畜超载率为17%；分地区来看，西藏平均牲畜超载率为19%，内蒙古平均牲畜超载率为10%，新疆平均牲畜超载率为16%，

青海平均牲畜超载率为13%，四川平均牲畜超载率为13.5%，甘肃平均牲畜超载率为16%。饲（草）料需求较大，2015年我国牛出栏量5 003万头，奶牛存栏量1 507万头，按照每头牛每年饲喂7t青贮玉米、每头奶牛日粮中添加3kg苜蓿干草、青贮玉米每亩单产6t、苜蓿干草每亩单产0.5t计算，共需种植青贮玉米7 596万亩、苜蓿3 301万亩，但据全国畜牧总站统计，2015年我国青饲青贮玉米种植面积4 073万亩，苜蓿商品草种植面积649万亩，为保证畜牧业发展，还需青贮玉米3 523万亩和苜蓿2 652万亩。随着人民生活水平的不断提高，对肉蛋奶的需求将进一步增大，优质饲草短缺与市场需求和产业发展之间的矛盾将成为未来一定时期内亟须解决的问题。

（二）畜牧结构：与资源承载力不相适应

畜牧业布局与环境承载力不匹配。畜禽养殖业布局与畜禽粪污消纳能力在空间上不匹配，种养不匹配，粪便综合利用率不足一半，局部地区畜禽养殖量超过了环境承载量，环境污染问题突出。东北地区饲料粮资源丰富，畜禽粪污消纳能力强，但人口少，畜产品市场小，畜禽养殖业不发达。东南沿海饲料粮短缺，但人口稠密，畜禽产品市场大，畜禽养殖业发达，环境承载力有限。

畜产品结构以粮饲型的猪禽为主，草食畜比重小。猪肉和禽肉产量占肉类总产量比重始终在85%以上，草食畜（牛、羊、兔）比重较低，维持在14%左右。

（三）产业结构：加工、服务短腿

农产品加工业总体能力与国外仍存在较大差距。目前，我国农产品加工率只有60%，低于发达国家的80%；果品加工率只有10%，低于世界30%的水平；肉类加工率只有17%，低于发达国家的60%；2.2∶1的加工和农业产值的比值与发达国家（3～4）∶1和理论值（8～9）∶1有较大差距。

农产品加工业的产品仍以初级加工品为主，产业链条短，加工增值能力有待提高。大部分食用类农产品加工企业都面临副产物综合利用率偏低问题，其中，约5.7%的农产品加工企业将副产物完全作为废弃物直接处理掉，25.3%的农产品加工企业认为副产物价值没有充分开发。

产地初加工水平低。每年全国仅农户储存粮食约1 500万～2 000万t；由于采后保鲜、储藏、运输不当，每年果蔬采后损失也高达8 000万t（聂宇燕，2011）。

农业服务业档次低、效率低。当前农产品流通模式大多处于原始集散阶段，按产地收购、产地和销地交易、商贩零售方式进行交易，而适应新的消费需求的订单农业、连锁经营、直销等现代流通方式仍然是新生事物，农产品仍以原产品和初加工产品为主，附加值低。

（四）产品结构："大路货"多，优质安全专用农产品少，供需错位

随着社会经济快速发展以及人民生活水平的不断提高，城乡居民生活由温饱走向小康，市场对农产品的需求日益转向多样化和优质化，优质农产品成为消费市场的热点。而我国农产品市场上却充斥着大量质量一般甚至较差的"大路货"，优质农产品总量偏低，"三品一标"产品占整个农产品总量不足20%，造成了小生产与大市场的供需矛盾，制约我国优质农产品的发展。

从供给端来看，得到认可的农业龙头企业和优质农产品大品牌较少，更多的优质农产品尚未得到市场的认可。消费者对"三品一标"产品的认识不足，作为生产者的农民对此更是知之甚少，严重制约了优质农产品的生产。在流通层面上，"买难"和"卖难"问题同时存在。由于缺少政府和企业为农民提供产前、产中和产后信息服务，引导农民种、帮助农民卖，造成了农产品生产与市场完全脱节，农民生产的大量优质农产品缺少销售渠道，形成卖难；与此同时，消费者有需求，却不知道从哪里购买，使得优质农产品不能走上老百姓的餐桌。

从需求端来看，食物消费结构向多元化发展，食物消费质量提高。口粮消费逐渐减少，食物油、禽肉等副食品和动物性食品缓慢增加。根据国家统计局城乡居民生活调查，2003年城乡居民直接粮食消费量分别为99.4kg和222.4kg，2012年分别减少至98.5kg和164.3kg；禽肉消费量分别为9.2kg和3.2kg增加至2012年的10.8kg和4.5kg。在城乡结构上，城乡处于不同的膳食需求阶段，城镇居民处于消费结构稳定期，绝大多数的食品消费数量趋于稳定，对食品质量和食品安全更加关注；农村居民正处于消费结构升级或消费结构稳定时期，奶类、酒类等部分食品消费仍在快速增加，蔬菜、猪肉等部分食品消费已较为稳定。

（五）空间结构：粮食生产与水土资源分布错位，养殖与种植空间不匹配

粮食生产与水土资源分布错位。近年来，我国粮食生产重心北移、向水少地多

的北方地区聚集，加剧了粮食生产与水土资源在空间上的错位。南方土地资源占全国38%，而水资源量却占全国的81%；北方土地资源占全国62%，而水资源量却只占全国的19%。粮食生产重心与表征水资源丰缺的单位国土面积水资源量重心距离从1998年558 km拉大到2015年的662 km，表明粮食生产在空间上向水资源欠缺地区聚集。粮食生产重心与表征土地资源丰缺的人均耕地拥有量重心距离从1998年的390 km缩短到2015年的334 km，表明粮食生产在空间上向土地资源丰裕地区聚集。

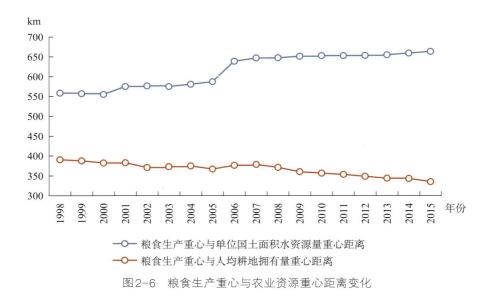

图2-6　粮食生产重心与农业资源重心距离变化

养殖与种植空间不匹配。近年来，由于作为重要饲料资源的粮食生产特别是玉米种植重心北移，使得南方大中型城市周边的饲料资源极其有限，甚至无饲料资源。同时，随着南方生猪产业加快发展、南方水网地区养殖密度越来越高，由于区域布局不尽合理，农牧结合不够紧密，粪便综合利用水平较低，生猪养殖与水环境保护矛盾凸显。目前我国畜禽养殖量过载、氮盈余地区包括福建、广东沿海地区、长江中游沿线一些地区，农田氮盈余量在400～500kg/hm²甚至500kg/hm²以上；畜禽养殖量不足、氮亏缺地区包括黑龙江大部分地区、内蒙古东四盟、新疆部分地区、西藏及四省藏区，农田中氮的盈余为负值；畜禽养殖量饱和、氮平衡地区包括新疆大部分地区、内蒙古中部，陕西和山西北部，贵州、湖南、江西的中部地区，其农田表观氮盈余量在0～100kg/hm²。养殖与种植在空间分布上的错位问题形势严峻。

第三章
主要农产品供求现状与需求预测

一、主要农产品供需现状

（一）粮食供需形势分析

1．三大谷物

近年来，三大谷物（小麦、稻谷、玉米）总产量不断提高，自给率始终保持在95%以上，国内供给基本有保障，但差价净进口态势明显。2005—2015年，我国三大谷物总产量从40 133万t增加至56 304万t，国内消费量从40 720万t增加至46 928万t，自给率始终保持在98%以上。分品种来看，稻谷和玉米供大于求，小麦供求处于紧平衡。受国内外价差影响，从2009年开始，三大谷物[①]呈现全面净进口态势，而且净进口量不断扩大，2015年三大谷物净进口量1 069万t（图3-1）。

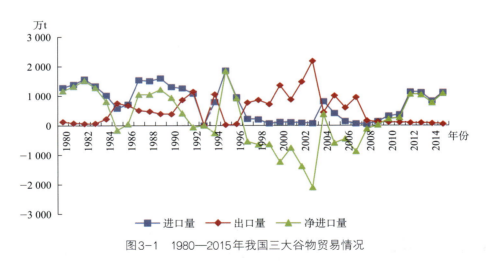

图3-1　1980—2015年我国三大谷物贸易情况

数据来源：中国海关。

（1）稻谷

稻谷供大于需。受国家粮食支持政策鼓励，特别是受到国家2004年开始实施稻谷最低收购价政策的影响，我国稻谷产量年年增产，2015年全国稻谷总产量20 823万t。随着人口的不断增长，稻谷口粮消费维持刚性增长，2015年稻谷消费总量为18 950万t，

---

① 农产品贸易中的稻谷、小麦、玉米分别指稻谷产品、小麦产品、玉米产品。

其中口粮消费16 900万t，占稻谷消费总量的89.2%，饲用和工业用粮1 920万t，占10.1%；稻谷自给率109.9%。

稻谷从净出口转变为净进口。稻谷是我国粮食出口的传统优势产品，多数年份为净出口，但受国内外价差影响，2009年稻谷转变为净进口，2015年稻谷净进口量达到309万t（图3-2）。

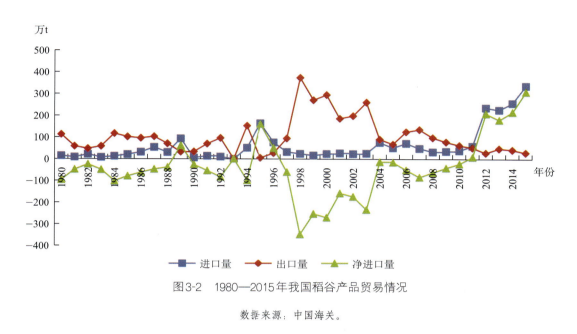

图3-2　1980—2015年我国稻谷产品贸易情况

数据来源：中国海关。

（2）小麦

小麦供需处于紧平衡。2015年，我国小麦消费量为10 977万t，其中口粮消费9 000万t，占小麦消费总量的82.0%，饲用消费量650万t，占5.9%；全国小麦总产量13 019万t，实现了小麦产量"十二连增"；小麦自给率118.6%。

小麦进口量增大。小麦是我国传统的粮食进口主要产品。国产小麦以中筋小麦为主，适用于面包生产的强筋小麦和适用于饼干制作的弱筋小麦产量较少，需要进口调剂（农业部软科学委员会办公室，2013）。1995年以前，由于国内优质小麦产量不足，高度依赖国际市场，常年进口量保持1 000万t以上，占我国粮食进口总量的80%以上；随着国内优质小麦的推广，1996年后小麦进口量大幅下滑，年进口量只有100万～300万t；由于国内外小麦价格倒挂，2012年小麦进口量开始增加；2015年全国小麦净进口量309万t，主要进口来源地是澳大利亚、加拿大、美国，分别占小麦进口总量的41.9%、33.0%、20.0%（图3-3）。

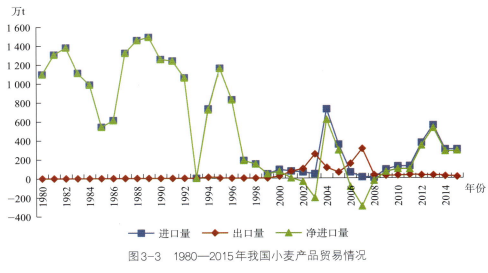

图3-3　1980—2015年我国小麦产品贸易情况

数据来源：中国海关。

（3）玉米

玉米供大于需。2004年以来，在国家粮食生产支持政策下，玉米的种植面积和产量一直快速增长，是粮食增产的主要贡献作物。2003—2015年，玉米产量从11 583万t增至22 463万t，新增产量10 880万t，占同期粮食增产贡献率的56.6%。2015年，玉米消费量17 001万t，其中饲用消费10 000万t，占玉米消费总量58.8%；工业用粮5 050万t，占29.7%；玉米自给率132.1%。

玉米从净出口转变为净进口。玉米也是我国粮食出口的传统优势产品，但由于国内供需形势和国内外价格的变化，自2008年开始，我国玉米出口量大幅下滑，进口量不断增加。2009年我国成为玉米净出口国；2015年玉米净进口量达472万t，主要进口来源地是乌克兰和美国，分别占进口总量的81.4%和9.8%（图3-4）。

玉米库存高企。由于国内外价差和玉米关税配额限制，高粱、大麦等玉米饲料加工替代品大量进口，挤占国内玉米消费。截至2015年10月，玉米库存超过1.5亿t（光大期货，2015）。2015年玉米产需过剩5 462万t，造成玉米库存高企。

国内玉米产量与玉米及其替代产品消费需求基本相当。从产销来看，2015年我国玉米产需过剩5 462万t。如果不考虑玉米替代产品与玉米的转换系数，2015年我国大麦、高粱、玉米酒糟、干木薯等饲料玉米替代品净进口量3 761万t，再加上玉米净进口量472万t，合计4 233万t。那么，如果国内玉米价格在国际市场上具有竞争力，实际玉米过剩产量估计只有不到1 229万t。

玉米饲用替代品大量进口。由于玉米收储价格不断升高，国内外玉米价差巨大，但由于玉米实行进口配额管理（配额外关税65%），所以玉米进口量实际不大，2014年只有260万t。饲料加工企业大量进口大麦、高粱、玉米酒糟、干木薯等玉米饲用替代产品，严重挤压国内玉米需求，不仅造成国产玉米卖不出去，形成巨大库存，而且也阻碍了玉米价格的上升，影响了国内农民从事玉米生产的积极性。

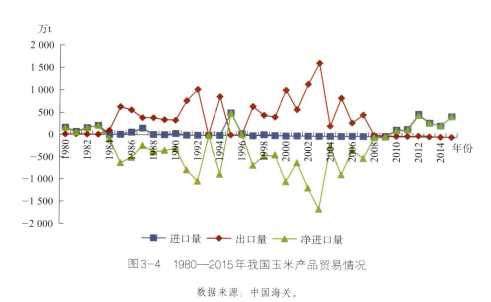

图3-4 1980—2015年我国玉米产品贸易情况

数据来源：中国海关。

表3-1 2005—2015年三大谷物及大豆供需情况

单位：万t，%

年份		2005	2006	2007	2008	2009	2010	2011	2012	2013	2014	2015
稻谷	总产量	18 059	18 172	18 603	19 190	19 510	19 576	20 100	20 424	20 361	20 651	20 823
	消费量	17 754	17 973	18 079	18 318	18 869	19 400	19 840	20 150	19 855	19 128	18 950
	供需缺口	−305	−199	−524	−872	−641	−176	−260	−274	−506	−1 523	−1 873
	自给率	101.7	101.1	102.9	104.8	103.4	100.9	101.3	101.4	102.5	108.0	109.9
小麦	总产量	9 745	10 847	10 930	11 246	11 512	11 518	11 740	12 102	12 193	12 621	13 019
	消费量	10 014	10 202	10 520	10 438	11 049	11 229	13 359	13 480	12 920	12 250	10 977
	供需缺口	269	−645	−410	−808	−463	−289	1 619	1 378	727	−371	−2 042
	自给率	97.3	106.3	103.9	107.7	104.2	102.6	87.9	89.8	94.4	103.0	118.6

(续)

年份		2005	2006	2007	2008	2009	2010	2011	2012	2013	2014	2015
玉米	总产量	13 937	15 160	15 230	16 591	16 397	17 725	19 278	20 561	21 849	21 565	22 463
	消费量	13 840	14 439	15 365	15 533	17 070	17 800	18 735	18 335	18 198	18 198	17 001
	供需缺口	−97	−721	135	−1 058	673	75	−543	−2 226	−3 651	−3 367	−5 462
	自给率	100.7	105.0	99.1	106.8	96.1	99.6	102.9	112.1	120.1	118.5	132.1
大豆	总产量	1 635	1 508	1 273	1 554	1 498	1 508	1 449	1 305	1 195	1 215	1 179
	消费量	4 303	4 367	4 405	4 853	5 635	6 520	6 765	7 292	7 419	8 246	8 775
	供需缺口	2 668	2 859	3 133	3 299	4 137	5 012	5 316	5 987	6 224	7 031	7 597
	自给率	38.0	34.5	28.9	32.0	26.6	23.1	21.4	17.9	16.1	14.7	13.4

注：供需缺口＝国内消费量−总产量；自给率＝总产量／国内消费量。

数据来源：稻谷、小麦、玉米、大豆产量数据来自历年《中国农业统计资料》；稻谷、小麦、玉米、大豆国内消费量数据来自历年《中国粮食发展报告》。

2．大豆

大豆种植面积和产量双双下滑，消费严重依赖国外。受国外进口大豆挤压和大豆玉米效益比价的影响，我国大豆生产波动下滑，大豆播种面积从2005年的14 386万亩下降至2015年的9 759万亩，年均减少3.8%；产量从2005年的1 635万t下降至2015年的1 179万t，年均减少3.2%。2015年大豆国内消费量8 775万t，其中榨油消费量7 600万t，占消费总量的86.6%；食用及工业消费量1 080万t，占12.3%；大豆供需缺口达7 597万t，大豆自给率仅13.4%。

大豆进口量迅猛增加，成为我国粮食进口的主要产品。由于国产大豆出油率低和国内外大豆价差影响，1997年以来我国大豆进口量直线快速增加。2015年我国大豆进口量已达8 169万t，占粮食进口总量的65.5%，进口主要来源地是美国、巴西、阿根廷（图3-5）。

大量进口对我国大豆产业造成巨大不利影响（倪洪兴等，2013）。首先，对大豆价格上升造成抑制，造成大豆生产比较效益大幅下降，与稻谷、玉米收益比发生逆转。2002年全国稻谷、玉米与大豆的亩均净收益之比分别为0.90、0.74；2004年情况发生逆转，大豆的净收益开始低于稻谷、玉米；2013年稻谷、玉米与大豆净收益比达到了

4.6：1和2.3：1；2015年稻谷和大豆亩均净收益之差达到了290.5元（图3-6）。其次，造成国产大豆积压。由于进口大豆主要用于榨油，国产用于榨油的大豆生产受到的挤压最为显著，国产大豆榨油消费量从2005年的630万t下降到2014年的250万t，降幅达到60.3%。为解决大豆销售难题、保障豆农收益，2008—2013年国家不得不实施临时收储政策。2008年全国大豆收储量达到725万t，接近当年产量50%，而同期进口量增加了660万t。再次，大豆进口与外资相结合对中国中小油脂企业造成了过度的挤出效应，致使中小压榨企业大量关闭，或被外资兼并。

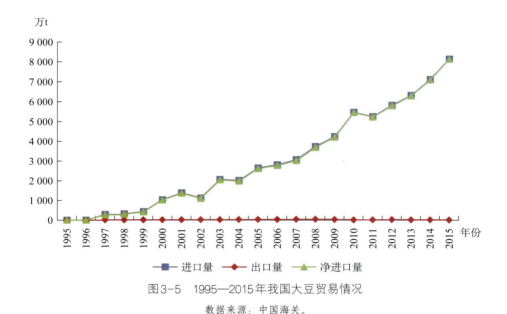

图3-5　1995—2015年我国大豆贸易情况

数据来源：中国海关。

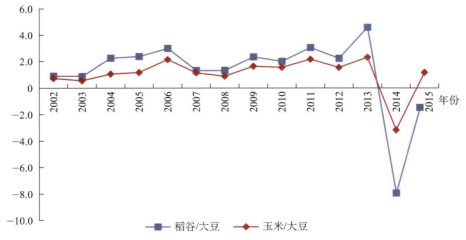

图3-6　2002—2015年稻谷、玉米与大豆亩均净收益之比

注：2014年大豆亩均净利润为−25.7元，2015年大豆和玉米亩均净利润分别为−115.1元和−134.2元。
数据来源：《全国农产品成本收益资料汇编》。

3．大麦、高粱、玉米酒糟、干木薯等玉米饲料加工替代品

近年来，大麦、高粱、玉米酒糟、干木薯等饲用玉米的替代品进口量快速增加，并对国产玉米销售和国库库存销售形成冲击，造成国产玉米滞销积压。2015年，我国玉米产需过剩达5 462万t；而同期大麦、高粱、玉米酒糟、干木薯净进口量达到3 761万t。

（1）大麦和高粱

大麦和高粱进口量快速增加，成为我国继大豆之后的第二、第三大粮食进口产品。由于我国对玉米进口实施关税配额管理（配额外关税为65%），国内玉米价格与配额内玉米进口税后价格价差为800～1 000元/t。与进口玉米相比，进口大米、高粱关税分别只有3%和1%，其税后价格低于国内玉米价格200～500元/t。从2014年开始，作为饲用玉米替代品，大麦和高粱在饲料上的用量迅猛增加。2013年以前，我国进口大麦最多不过300万t，且多为啤酒大麦，90%用于啤酒酿造；高粱进口量也不超过250万t。2014—2015年，大麦和高粱进口量几乎每年翻一番。2015年，大麦和高粱进口总量达到2 143万t，占粮食进口总量的17.2%，同比增长91.5%，其中大麦进口量1 073万t，同比增长98.3%；高粱进口量1 070万t，同比增长85.3%（图3-7）。

（2）玉米酒糟和干木薯

玉米酒糟和干木薯进口量迅猛增加。2009年，玉米酒糟进口量首次突破1万t，进

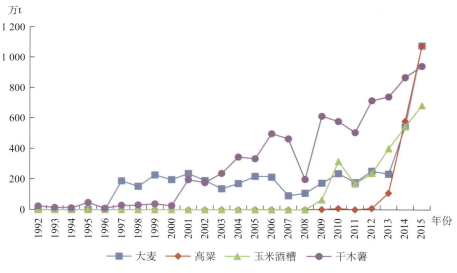

图3-7　1992—2015年我国大麦、高粱、玉米酒糟、干木薯进口量

数据来源：中国海关。

口量达到66万t；之后快速增长，到2015年我国进口玉米酒糟达到682万t。2000年以前，我国进口干木薯量也不到50万t；2001—2008年，干木薯进口量快速增加，但始终没有超过500万t；2009年以后，干木薯进口量再次迅速增加，2015年达到了938万t（图3-7）。

（二）油、棉、糖供需形势分析

1．油料

我国是世界第一油料生产大国，八大油料总产量基本维持在6 000万t左右。2015年我国棉籽、大豆、油菜籽、花生、葵花籽、芝麻、胡麻籽、油茶八大油料的总产量5 944万t，同比减少1.7%（表3-2）。其中，棉籽、大豆、油菜籽、花生四种作物产量约占油籽总产量90%，这四种作物所生产的油脂再加上棕榈油一起构成我国居民食用植物油的主要消费产品。分品种来看，受国内棉纺产业外迁影响，国内棉花种植面积从2008年开始持续萎缩，棉籽产量也持续下滑，2015年棉籽产量1 009万t，同比减少9.3%。由于国内外大豆价格倒挂，受进口大豆挤压，大豆玉米比较效益下降，大豆种植面积和产量从2005年开始不断下滑，2015年全国大豆种植面积跌破1 000万亩，产量1 179万t，同比分别下降4.3%和3.0%。受政策因素驱动，近年来油茶发展较快，但油茶消费量在我国植物油消费量中比重较小。值得注意的事，2013年以来，进口芝麻快速增长；2015年芝麻进口量已达80.6万t，超过国产芝麻总产量（64万t）。

为满足我国食用油市场供应和饲养业发展的需要，近十年来我国进口油料的数量一直居高不下。2015年，我国进口各类油料8 757万t（折油1 560万t），较2014年增加1 005万t，增长13%，其中大豆和油菜进口增幅较大，占油料进口总量的比重也最大。2015年我国大豆进口达到8 174万t，较2014年增加1 033万t，增幅14.5%，进口大豆占油料进口总量的比重高达93.3%。2008年以前，油菜籽进口量基本在100万t以内；2015年我国油菜籽进口量迅速增加到447万t，占油料进口总量的5.1%（表3-3）。

表3-2　1993—2015年我国油料产量

单位：万t

品种	1993年	1995年	2000年	2005年	2010年	2011年	2012年	2013年	2014年	2015年
油籽	4 057	4 521	5 373	5 828	5 921	6 091	6 141	6 024	6 047	5 944
棉籽	673	858	795	1 029	1 073	1 188	1 230	1 134	1 112	1 009

(续)

品种	1993年	1995年	2000年	2005年	2010年	2011年	2012年	2013年	2014年	2015年
大豆	1 531	1 350	1 541	1 635	1 508	1 449	1 301	1 195	1 215	1 179
油料	1 804	2 250	2 955	3 077	3 230	3 307	3 437	3 517	3 507	3 537
油菜籽	694	978	1 138	1 305	1 308	1 343	1 401	1 446	1 477	1 493
花生	842	1 023	1 444	1 434	1 564	1 605	1 669	1 697	1 648	1 644
向日葵籽	128	127	195	193	230	231	232	242	249	270
芝麻	56	58	81	63	59	61	64	62	63	64
胡麻籽	50	36	34	36	35	36	39	40	39	40
油茶籽	49	62	82	38	109	148	173	178	212	220

数据来源：历年《中国农业统计年鉴》《中国林业统计年鉴》。

表3-3　2002—2015年我国油料进口量

单位：万t

品种	2002年	2005年	2010年	2011年	2012年	2013年	2014年	2015年
油籽	1 195	2 704	5 705	5 482	6 228	6 784	7 752	8 757
大豆	1 132	2 659	5 480	5 264	5 838	6 338	7 140	8 169
油菜籽	62	30	160	126	293	366	508	447
其他油籽	1	16	65	92	97	80	104	141

数据来源：中国海关。

2．食用植物油

2004年以来，我国食用植物油始终处于较大净进口状态。2015年食用植物油进口量839万t，较2014年增加52万t，增幅6.6%，其中棕榈油进口591万t，占70.4%；豆油进口量82万t，占食用植物油进口总量的9.7%；菜籽油进口82万t，占9.7%；其他食用植物油进口85万t，占10.1%。如果算上进口的油料折油，2015年我国总进口食用植物油及油料折油达2 400万t，较2014年2 183万t增加216万t，增长9.9%（表3-4）。

食用植物油消费需求严重依赖进口。2014—2015年我国食用植物油国内消费量3 280万t，同比增加125万t，增幅4.0%。2015年国产油料折油量1 126万t，自给率34.3%。分品种看，棕榈油全部依赖进口，豆油自给率约2.9%，菜籽油自给率73.3%，花生油自给率96.9%（表3-5）。

表3-4　1996—2015年我国食用植物油进口情况

单位：万t

品种	1996年	2000年	2005年	2010年	2011年	2012年	2013年	2014年	2015年
食用植物油	264	187	621	826	780	960	922	787	839
豆油	130	31	169	134	114	183	116	104	82
棕榈油	101	139	433	570	591	634	598	532	591
菜籽油	32	8	18	99	55	118	153	81	82
其他植物油	2	10	1	24	19	26	56	60	85
油料折油	19	278	456	986	937	1 096	1 204	1 396	1 560
合计	283	465	1 077	1 812	1 717	2 056	2 126	2 183	2 400

数据来源：中国海关。

表3-5　2015年我国食用植物油自给率

单位：万t，%

品种	总需求量	国产油料榨油量	自给率
食用植物油	3 280.0	1 125.5	34.3
豆油	1 410.0	41.3	2.9
菜籽油	630.0	461.5	73.3
花生油	260.0	252.0	96.9
棕榈油	570.0	0	0
其他	410.0	370.7	90.4

数据来源：据国家粮油信息中心数据整理。

3. 棉花

全国棉花种植面积和产量呈"双降"特点。近年来，受纺织服装品消费低迷、国内纺织品产业向国外转移、种棉效益偏低等因素影响，我国棉花种植面积和产量不断下滑。2015年我国棉花种植面积5 695万亩，较2007年减少3 194万亩，年均减少5.4%；棉花产量560万t，较2007年减少202万t，年均减少3.8%（图3-8）。

　　棉花库存充足，消费持续萎缩，进口量减少。我国棉花库存充足，2015—2016年棉花期末库存量达到1 306万t，库存消费比达182.1%；棉花消费量716万t，产量522万t，自给率72.9%（表3-6）。自2014年国家取消棉花临时收储政策后，国内棉花价格持续下滑，国内外棉花价差缩小，我国棉花进口量不断下滑。2015年棉花进口量176万t，比2012年减少365万t，年均减少31.2%（图3-9、图3-10）。

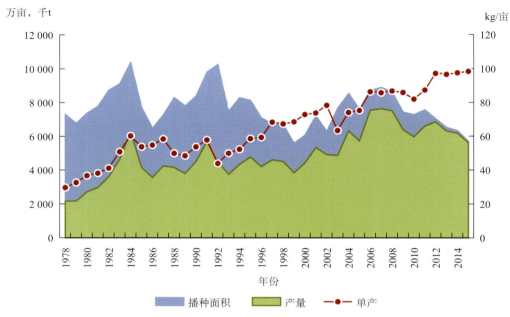

图3-8　1978—2015年我国棉花生产情况

数据来源：历年《中国农业年鉴》。

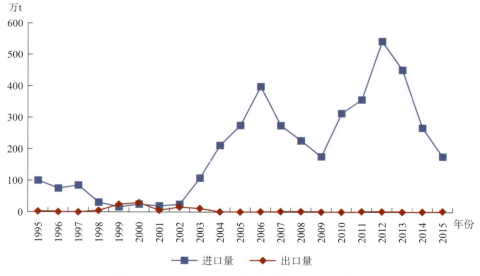

图3-9　1995—2015年我国棉花进出口贸易情况

数据来源：中国海关。

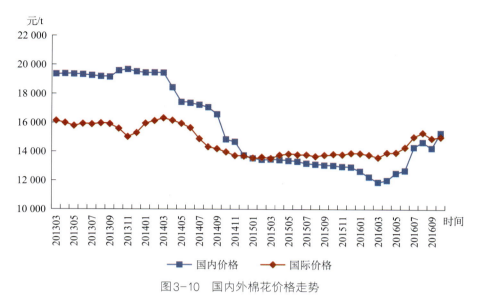

图3-10　国内外棉花价格走势

注：国内价格为棉花价格指数（CC Index）3128B级棉花销售价格，国际价格为进口棉价指数（FC Index）M级棉花到岸税（滑准税）后价格。

数据来源：据《农业部农产品供需形势月报》数据整理。

表3-6　2001—2016年我国棉花供需情况

单位：万t，%

年份	产量	消费量	供需缺口	自给率
2001—2002	531	582	−51	91.2
2004—2005	632	872	−239	72.5
2009—2010	676	1 041	−365	64.9
2010—2011	623	923	−300	67.5
2011—2012	803	790	13	101.6
2012—2013	762	791	−29	96.3
2013—2014	700	775	−75	90.2
2014—2015	662	755	−93	87.7
2015—2016	522	716	−194	72.9

数据来源：国家棉花市场监测系统。

4．糖料及食糖

　　糖料生产波动中上涨。2015年我国糖料总产量1.25亿t，较2014年减少0.09亿t，增幅6.5%。其中甘蔗产量1.17亿t，占糖料总产量的93.6%；甜菜0.08亿t，占6.4%。目前，我国糖料总产量基本稳定在1.2亿～1.4亿t（图3-11）。

食糖进口快速增长。2011年以前，我国食糖进口量基本维持在100万t左右，占国内消费量的10%以下。受国内外价差驱动，近些年进口量扩增明显，2012年达到375万t，同比增长28.4%。2015年食糖进口量达到484.6万t，同比增长39.0%（图3-12）。

食糖产量消费量总体呈增长态势。随着我国居民膳食结构改善，食糖消费刚性增长。据中国糖业协会统计，2014—2015年榨季，我国食糖消费量1 560万t，同比增长5.4%，而该榨季食糖产量1 160万t，食糖自给率74.4%（表3-7）。

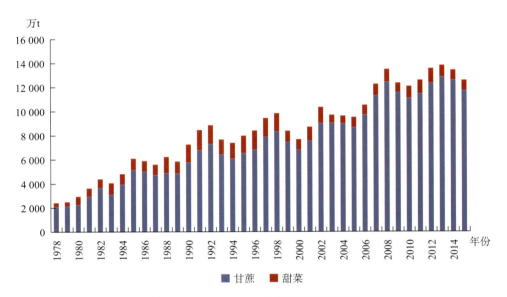

图3-11　1978—2015年我国糖料总产量

数据来源：历年《中国农村统计年鉴》。

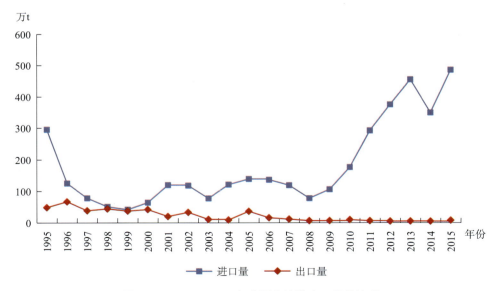

图3-12　1995—2015年我国食糖进出口贸易情况

表3-7　1991—2015年我国食糖供需情况

单位：万t，%

年份	产量	消费量	供需缺口	自给率
1991—1992	792	762	30	104.0
1994—1995	541	820	-279	66.0
1999—2000	687	810	-123	84.8
2004—2005	917	1 151	-234	79.7
2009—2010	1 073	1 379	-306	77.8
2010—2011	1 045	1 358	-313	77.0
2011—2012	1 152	1 338	-186	86.1
2012—2013	1 307	1 390	-83	94.0
2013—2014	1 332	1 480	-148	90.0
2014—2015	1 160	1 560	-400	74.4

资料来源：中国糖业协会。

（三）畜禽、水产品供需形势分析

1．肉类

国内肉类生产稳步提升，进口量扩大，但占消费[1]比重不大。2015年，我国猪牛羊禽肉总产量8 454万t，比2006年增加1 500万t，年均增长2.2%；表观消费量8 610万t，比2006年增加1 637万t，年均增长2.4%；自给率98.2%。1998年以前，我国猪牛羊禽肉基本为净出口，出口量维持在20万t以内；1999年转变为净出口，出口量45.4万t；2000年以后，净进口量呈波动上升态势，2015年净进口量156万t，约占国内消费量的1.8%。

分品种来看，我国是第一大猪肉生产国和消费国，同时猪肉也是我国居民消费的主要肉类产品。2015年，我国猪肉产量5 487万t，消费量5 557万t，自给率98.7%。猪肉进口量不断增加，自2008年始，我国猪肉由净出口转变为净进口；2015年我国进口猪肉77.8万t，较2014年（56.4万t）增加21.3万t，增幅37.8%。

禽肉是我国第二大消费肉类产品。2015年，禽肉消费量1 842万t，比2006年增加434万t，年均增长3.0%；禽肉产量1 826万t，比2006年增加463万t，年均增长2.2%；自给率99.1%。

牛羊肉消费快速增长。2015年我国牛、羊肉消费量分别为747万t和463万t，较

———————————

[1] 畜禽、水产品消费量均为表观消费量，表观消费量＝产量＋进口量－出口量。

2006年分别增加173万t和99万t，年均增长3.0%和2.7%，高于我国肉类消费增长速度；牛、羊肉产量分别为700万t和441万t；牛肉自给率93.7%，羊肉自给率95.2%。

2．奶类

奶类[①]消费和生产不断增加。2015年，我国奶类消费量4 355万t，比2006年增加974万t，年均增长2.9%；国内产量3 870万t，比2006年增加568万t，年均增长1.8%；奶类自给率88.9%。近年来，奶类进口量快速增加，其中鲜奶进口量从2008年的0.7万t增加至2015年的46万t，奶粉进口量从2008年的10万t迅速增加至2015年的56万t（按1：8折液态奶为447万t）。

3．水产品

2015年，我国水产品表观消费量6 702万t，比2006年增加2 087万t，年均增长4.2%；国内生产量6 700万t，比2006年增加2 116万t，年均增长4.3%；自给率100.0%。从贸易来看，进、出口量都在迅速增加，其中出口量从2006年的302万t增加至2015年的406万t，进口量从2006年的332万t增加至2015年的408万t，贸易顺差从2006年的50.6亿美元增加至2015年的113.5亿美元（表3-8）。

表3-8　2015年我国畜禽、奶类、水产品供需情况

单位：万t，%

品种	产量	进口量	出口量	净进口量	表观消费量	自给率
猪牛羊禽肉	8 454	189	33	156	8 610	98.2
猪肉	5 487	78	7	71	5 557	98.7
牛肉	700	47	0	47	747	93.7
羊肉	441	23	0	22	463	95.2
禽肉	1 826	41	25	16	1 842	99.1
奶类	3 870	493	8	485	4 355	88.9
水产品	6 700	408	406	2	6 702	100.0

（四）小结

我国三大谷物自给率均在95%以上，国内供给基本有保障。我国政府历来重视粮食安全问题，1996年就提出保持基本粮食自给率不低于95%的目标（农业部农产品贸易

---

① 奶类在本书中均指液态奶。

办公室、农业部农业贸易促进中心，2014）。近年来，在大豆进口量迅猛增加的背景下，尽管我国2012年我国粮食整体自给率低于90%，但谷物自给率却始终在100%以上，这表明无论是生产供给能力还是对外依存度，我国粮食安全总体上是有保障的。

棉油糖等大宗农产品对外依存度较大，其中食用植物油自给率只有34.31%，棉花自给率为72.9%，食糖自给率为74.4%。

畜禽产品供需基本平衡，奶类需要品种调剂。

表3-9　2015年我国主要农产品供需情况

单位：万t，%

品种	总产量	消费量	供需缺口	自给率
三大谷物	56 304	46 928	-9 376	119.98
水稻	20 823	18 950	-1 873	109.88
小麦	13 019	10 977	-2 042	118.60
玉米	22 463	17 001	-5 462	132.13
大豆	1 179	8 775	7 597	13.43
食用植物油	1 126	3 280	1 990	34.31
豆油	41	1 410	1 261	2.93
菜籽油	462	630	101	73.25
花生油	252	260	9	96.92
棕榈油	0	570	570	0
棉花	522	716	194	72.90
食糖	1 160	1 560	400	74.40
猪牛羊禽肉	8 454	8 610	156	98.20
猪肉	5 487	5 557	70	98.70
牛肉	700	747	47	93.70
羊肉	441	463	22	95.20
禽肉	1 826	1 842	16	99.10
奶类	3 870	4 355	485	88.90
水产品	6 700	6 702	2	100.00

二、2025年、2030年主要农产品需求预测

从中长期发展趋势来看，随着国民经济的持续发展，人口刚性增长、生活水平提高

和膳食结构改善，加上人多地少、人均农业资源不足、农业生产基础条件差等国情，未来我国粮食及主要农产品需求总量增长、结构升级的态势将进一步加强。在此背景下，为了调整农业结构，首先应对未来我国主要农产品需求状况进行科学研判，从而保证在结构调整的目标和方向上能够有的放矢。

国内外关于农产品需求预测的成果丰硕，美国世界观察研究所前所长莱斯特·布朗（Lester Brown）在1995年对我国粮食需求进行预测时采用了定性预测方法。布朗对2030年我国人均粮食消费需求做出了三种假定，分别为300kg、350kg和400kg，相应的粮食需求总量分别达到4.79亿t、5.68亿t和6.40亿t。国内机构和研究者，如农业部软科学委员会、梅方权、刘江、程国强等也曾采用定性时间序列模型、供需联立模型等方法对我国农产品需求进行了初步预测（表3-10）。

表3-10 主要农产品定量预测结果汇总

单位：亿t

研究者	预测年份	使用方法	粮食	肉类	蛋类	奶类	水产品	植物油	食糖	棉花
OECD-FAO（2016）	2025	联立方程模型	7.19[①]	1.0[②]	0.21		0.703 4	0.37	0.19	0.069
农业部市场预警专家委员会（2016）	2025	联立方程模型	6.82[①]	1.0[②]	0.21	0.63	0.754 2	0.33	0.18	0.070
刘江（2000）	2030	定性预测	6.6	1.11	0.40	0.32	0.55	0.35	0.17	0.065
梅方权	2030	—	6.45~7.20	0.80	0.38	0.56	0.58			
农业部软科学委员会	2030	—	6.82	0.56	0.28	0.48				
程郁等（2016）	2030	—	7.18，其中饲料粮5.20	1.2344[②]	0.4411					
陈永福、韩昕儒（2016）	2025	联立方程	5.69~6.47[③]					0.31~0.36		
	2030	联立方程	5.96~7.22[③]					0.31~3.70		
程国强（2013）	2022	GTAP模型	6.58[④]	1.15		0.47				0.140
	2027	GTAP模型	7.17[④]	1.29		0.49				0.160
	2032	GTAP模型	7.77[④]	1.42		0.52				0.180

注：①仅包括稻谷、小麦、玉米、大豆四大粮食作物；②仅包括猪、牛、羊、禽肉；③指谷物；④指稻谷、小麦、玉米三大作物。

（一）基于时间序列模型的粮食和重要农产品消费需求

1．数据来源及说明

本部分各类农产品人均消费量数据来自历年《中国统计年鉴》《中国农村住户调查年鉴》和《中国居民调查年鉴》，其中2013年以前城镇居民口粮的统计数据为成品粮，我们按一定比率换算成原粮进行分析。2013年后，由于国家统计局开展了新的城乡住户收支与生活状况调查，造成2013年前后的粮食、肉类、水产品等人均消费数据出现较大波动。为了保证时间序列数据的一致性，采用2013年前各类农产品需求的变化量与2013年以后的数据进行衔接。

原粮与成品粮的转换比率。农业部市场信息司编制的《中国农村经济统计资料（1994—1999）》中提出，水稻、小麦、玉米、谷子、高粱、豆类和薯类的平均出米率分别为73%、85%、93%、75%、79%、100%和100%，结合历年各品种产量所占比重，可知1991—2015年粮食平均出米率虽然逐年提高，但基本维持在82.9%～85.0%（图3-13）。为了便于计算，本书将粮食平均出米率定为0.84%。

考虑到住户调查中食物消费量不包括在外就餐，采用中国健康与营养调查（China Health and Nutrition Survey，CHNS）的调查数据估算城乡居民在外就餐消费比例，并据此推算人均消费量。根据CHNS调查资料统计，1993年以来，我国城乡居民在外就餐比例不断增加（图3-14）。到2011年，全国城、乡居民在外就餐消费量占食物消费总量的比例分别为13.23%和7.39%。

图3-13　1991—2015年粮食平均出米率

食用植物油、食糖和棉花人均消费量通过历年食用植物油、食糖和棉花的总消费量计算而得，消费总量数据来自历年《中国粮食发展报告》《中国糖酒年鉴》和《中国棉花年鉴》。

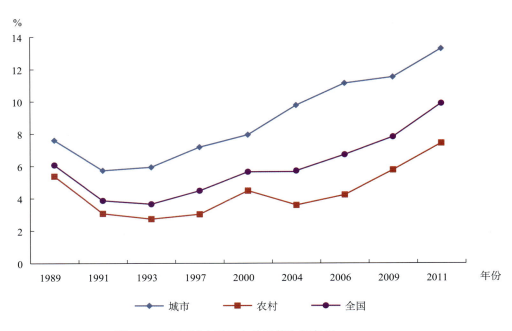

图3-14　全国城乡居民在外就餐比例变化

数据来源：据CHNS调查数据整理。

2．预测方法选择

对未来农产品需求量的预测，国内外研究已经取得丰硕成果。从预测方法来看，可以分为人均营养摄取推算法（周振亚，2015；周振亚等，2011；唐华俊、李哲敏，2012；胡小平、郭晓慧，2010；李国祥，2014）、趋势和经验估算法（王川、李志强，2007；童泽圣，2015；吕新业、胡非凡，2012；杨建利、岳正华，2014；尹靖华、顾国达，2015；赵萱、邵一珊，2014）、结构模型预测法（程国强，2013；陈永福等，2016；黄季焜，2013；陆文聪、黄祖辉，2004）三类。预测方法的选择与预测目的有关，本书对主要农产品需求量进行预测的目的，是确定保障经济社会安全的主要农产品需求量，为资源供给方面的评估和预测提供参照系。综合考虑消费结构升级、城市化率等因素影响，采用最常用的、相对简单可行的时序模型来分别对未来我国主要农产品需求量进行预测，在此基础上，参照已有研究成果，预测未来我国主要农产品的需求量（表3-11）。

表3-11 各类农产品模拟预测的方法与参数

农产品类别	地域	函数形式	公式	拟合参数	
				t	R^2
口粮消费	城镇	指数函数	$\log(Y)=4.8912-0.0052\times T$	−2.60	0.24
	农村	指数函数	$\log(Y)=5.7736-0.0207\times T$	−11.85	0.89
饲料粮消费	猪肉 城镇	指数函数	$\log(Y)=2.8531+0.0210\times T$	9.62	0.81
	猪肉 农村	指数函数	$\log(Y)=2.4400+0.0283\times T$	11.41	0.91
	牛羊肉 城镇	指数函数	$\log(Y)=1.0271+0.0346\times T$	3.32	0.55
	牛羊肉 农村	指数函数	$\log(Y)=2.4400-0.0283\times T$	11.41	0.91
	禽肉 城镇	二次函数	$Y=4.3704+0.4560\times T-0.0001\times T^2$	3.95, −0.03	0.93
	禽肉 农村	指数函数	$\log(Y)=0.7753+0.0432\times T$	15.07	0.94
	禽蛋 城镇	指数函数	$\log(Y)=2.3602-0.0131\times T$	7.66	0.73
	禽蛋 农村	指数函数	$\log(Y)=1.2409-0.0330\times T$	13.53	0.89
	奶类及奶制品 城镇	线性函数	$Y=5.6217+0.7373\times T$	5.60	0.59
	奶类及奶制品 农村	二次函数	$Y=1.0856-0.0901\times T+0.0148\times T^2$	−1.77, 7.49	0.97
	水产品 城镇	线性函数	$Y=8.1087+0.5293\times T$	16.12	0.92
	水产品 农村	指数函数	$\log(Y)=1.1933-0.0330\times T$	12.69	0.88
棉花		二次函数	$Y=2.3106+0.3350\times T-0.0063\times T^2$	2.31, −1.17	0.54
食用油		线性函数	$Y=9.4728+0.7336\times T$	16.26	0.95
食糖		指数函数	$\log(Y)=1.7471+0.0278\times T$	13.32	0.89

3．人口预测

在过去40年间，全国人口增长率不断降低，从1971年的2.7%降低到2015年的0.72%，可以肯定，未来我国人口仍将保持低速缓慢增长。对于我国未来的人口增长规模，许多机构和研究者都进行了预测。国内多数权威人口研究机构的研究结果表明，我国人口将在2030年左右达到14亿～16亿人的峰值。联合国经济和社会事务部人口司编制的 *World Population Prospects，2015 Revisions* 中对我国人口的预测，低位和中位预测

方案下，我国大陆人口将在2020—2030年达到高峰值，而高位预测方案下则在2050年左右达到高峰值，但与2030年相比只增加了约2 000万人。综合考虑以上研究成果，确定我国2025年、2030年城市化率分别达到65%和70%，人口规模分别为14.2亿人和14.5亿人（表3-12）。

表3-12　我国人口和城市化率预测

单位：万人，%

类型	2015年	2025年	2030年
总人口	137 462	142 000	145 000
城镇人口	77 116	92 300	101 500
乡村人口	60 346	49 700	43 500
城市化率	56.1	65.0	70.0

4．料肉比

在本书中，采用畜产品产量乘以相应的粮食转化率（即料肉比）来估算我国的饲料粮消费量。料肉比系数估算基于历年《全国农产品成本收益汇编》中"主产品产量"和耗粮系数，同时考虑到畜产品活体与酮体、成品粮与原粮的转换（图3-15）。综合已有的饲料转化率、饲料与粮食之间的转化率研究结果（胡小平、郭晓慧，2010；钟甫宁、向晶，2012），同时考虑到我国养殖专业化、标准化程度的提高，采用料肉比来对饲料粮进行估算（表3-13）。

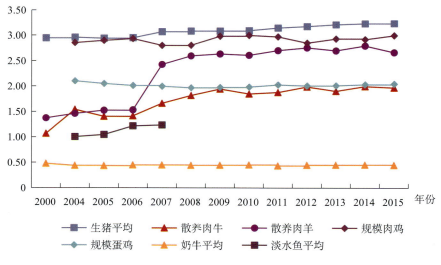

图3-15　2000—2015年我国主要畜产品料肉比

表3-13 主要动物性产品与粮食之间的转化率

品种	2015年	2025年	2030年
猪肉	3.23	3.35	3.40
牛羊肉	2.24	2.30	2.35
禽肉	2.99	2.95	2.95
禽蛋	2.04	2.10	2.10
奶类及奶制品	0.45	0.45	0.45
水产品	1.24	1.24	1.24

5. 主要农产成品消费量预测

(1) 人均消费量预测

利用时间序列模型，预测2025年、2030年我国城乡居民人均主要农产品消费量（预测方法与参数如表3-11所示），结果如下：从中长期来看，我国人均口粮消费量将进一步下降，到2030年全国人均口粮消费仅119kg，较2015年减少13.4%。食用植物油、食糖、奶类及奶制品、畜禽水产品消费需求还将持续刚性增长，到2030年将分别达到32.2kg、17.0kg、30.1kg、89.4kg，较2015年分别增长49.8%、50.4%、131.5%和68.7%。

表3-14 我国人均主要农产品消费需求预测

单位：kg

品种	城镇居民			农村居民			全国		
	2015年	2025年	2030年	2015年	2025年	2030年	2015年	2025年	2030年
粮食	114.9	111.7	108.9	167.0	159.2	143.6	137.8	128.3	119.3
棉花	—	—	—	—	—	—	5.5	6.3	5.6
食用植物油	—	—	—	—	—	—	21.5	28.5	32.2
食糖	—	—	—	—	—	—	11.3	14.8	17.0
猪肉	27.5	35.5	39.4	17.0	30.0	34.6	22.9	33.6	38.0
牛羊肉	5.4	9.1	10.8	2.6	3.5	4.2	4.2	7.1	8.8
禽肉	15.5	19.7	22.0	6.3	9.4	11.7	11.4	16.1	18.9
禽蛋	14.8	16.6	17.7	8.3	10.6	12.5	11.9	14.5	16.1
奶类及奶制品	17.9	30.7	34.4	6.8	15.1	20.1	13.0	25.2	30.1
水产品	20.4	26.1	28.8	6.9	10.1	11.9	14.5	20.5	23.7

（2）全国主要农产品总消费量预测

利用农产品人均消费量预测，结合2025年、2030年我国人口规模和城市化水平，得到全国主要农产品未来总消费需求量（表3-15）。

从中长期来看，我国粮食消费需求量仍将继续增加，其中口粮略有减少，饲料粮还将继续平稳增长。到2030年，全国粮食消费需求总量达到6.85亿t。其中，受粮食人均消费量减少和城乡人口结构变化的影响，口粮需求量将下降至1.73亿t，较2015年减少1 639万t，减幅8.7%；受肉类刚性需求影响，饲料粮需求将进一步增加，达到4.09亿t，较2015年增长63.4%；随着国民经济平稳发展，工业用粮等非食物用粮还将进一步增加，2030年达到1.02亿t，较2015年增长2 513万t。

表3-15　全国主要农产品总消费量预测

单位：万t

品种	2015年	2025年	2030年
粮食	51 741	63 709	68 495
口粮	18 936	18 225	17 297
饲料粮	25 043	35 928	40 924
工业、种子及其他用粮	7 761	9 556	10 274
棉花	755	894	812
食用植物油	2 960	4 054	4 671
食糖	1 560	2 099	2 463
猪牛羊禽肉	5 291	8 066	9 521
猪肉	3 146	4 765	5 503
牛羊肉	573	1 011	1 279
禽肉	1 572	2 290	2 739
禽蛋	1 640	2 055	2 338
奶类及奶制品	1 793	3 585	4 363
水产品	1 987	2 913	3 438

注：工业用粮、种子用粮和损耗等其他用粮按照总消费量的15%计算；油料仅指食用部分的植物油所需油料，不包括工业及其他用油所有油料；假定各类食用植物油消费利用结构不变（以2014年为基准），按照大豆16.5%的出油率计算，2015年、2025年、2030年压榨大豆需求量约为8 172万t、11 192万t、12 897万t。

（二）基于平衡膳食视角的我国主要农产品需求量估算

1．估算方法与说明

（1）平衡膳食标准

中国营养学会发布的《中国居民膳食指南（2016）》（以下简称《指南》）是结合我国国民身体特点，从营养健康角度，给定了多种能量水平下的食物摄入量，它所倡导的膳食标准对指导我国居民科学合理饮食具有重要指导意义。《指南》将每人需要摄入的食物分为5个层次，并给定了合理摄入量（图3-16）。

农产品需求量包括直接食用（如奶、肉、蔬菜、水果）、间接食用（如油脂）、工业用（如酒精、淀粉）、种用和损耗等需求量。以2013—2015年为基准期，假定各类农产品消费结构不变的情况下，本书以《指南》所推荐的平衡膳食标准为依据，估算我国平衡膳食条件下各类食物的年需求量。同时，对间接食用部分农产品，利用折算系数估算其需求量。在此基础上，加上种用量、工业用量等非食用部分的农产品需求量，即为平衡膳食条件下农产品总需求量。

盐	<6g
油	25～30g
奶类及奶制品	300g
大豆及坚果类	25～35g
畜禽肉	40～75g
水产品	40～75g
蛋 类	40～50g
蔬菜类	300～500g
水果类	200～350g
谷薯类	250～400g
全谷物和杂豆	5～150g
薯类	50～100g
水	1 500～1 700mL

图3-16 中国居民平衡膳食宝塔

资料来源：中国营养学会。

（2）食用率

农产品在加工成食物的过程中需要去掉不可食用的部分，如稻谷去皮后才能转变为可直接食用的大米。因此，农产品需求量的估算需要用各类食物的标准摄入量除以其对应的可食用率。根据《农业技术经济手册》以及相关行业专家提供的参数（周振亚，2015），推算各类农产品的食用率（表3-16）。

表3-16 各类农产品平均食用率

品种	对应农产品	食用率	转换系数
谷物薯类及杂豆	小麦、玉米、稻谷、薯类和杂豆（不含大豆）	0.84	1.19
蔬菜类	各种蔬菜	0.87	1.15
水果类	苹果、梨、柑橘类、热带亚热带水果、其他园林水果和西瓜	0.72	1.39
畜禽肉类	猪肉、牛肉、羊肉、禽肉等	1.00	1.00
鱼虾类	鱼类、虾类及贝类	0.57	1.75
蛋类	禽蛋	0.84	1.19
奶类及奶制品	牛奶、羊奶等	1.00	1.00
大豆及坚果	大豆、花生等	0.77	1.30

注：转换系数为食用率的倒数。

2. 平衡膳食条件下我国农产品需求量估算

（1）直接食用需求量估算

根据2025年、2030年我国人口规模和结构，按照《指南》推荐的平衡膳食标准和食用率，估算直接食用部分的农产品需求量（表3-17）。

表3-17 平衡膳食条件下我国各类农产品直接食用部分的需求量

类型	单位	谷物薯类及杂豆	蔬菜类	水果类	畜禽肉类	水产品	蛋类	奶类及奶制品	大豆及坚果	油脂
各类食物日需求量	g/（人·d）	250~400	300~500	200~350	40~75	40~75	40~50	300	25~35	25~30
转换系数		1.19	1.15	1.39	1.00	1.75	1.19	1.00	1.30	1.00
年人均最低需求量	kg	109	126	101	15	26	17	110	12	9
年人均最高需求量	kg	174	210	178	27	48	22	110	17	11

（续）

类型		单位	谷物薯类及杂豆	蔬菜类	水果类	畜禽肉类	水产品	蛋类	奶类及奶制品	大豆及坚果	油脂
2015年	最低需求	万t	14 943	17 313	13 947	2 008	3 523	2 391	15 062	1 630	1 255
	最高需求	万t	23 909	28 855	24 407	3 766	6 606	2 989	15 062	2 282	1 506
2025年	最低需求	万t	15 436	17 885	14 407	2 075	3 640	2 470	15 560	1 684	1 297
	最高需求	万t	24 698	29 808	25 212	3 890	6 824	3 087	15 560	2 358	1 556
2030年	最低需求	万t	15 762	18 263	14 711	2 118	3 717	2 522	15 888	1 720	1 324
	最高需求	万t	25 220	30 438	25 745	3 972	6 969	3 152	15 888	2 407	1 589

（2）饲料用粮需求量计算

类似前文，采用料肉比估算饲料用粮，相关参数详见前文。由于《指南》中推荐的肉类人均摄入量是畜禽肉总量指标，故需要计算肉类饲料粮综合转化率。在已估计的分项指标的基础上，根据2015年我国城乡居民年平均每人购买的猪肉、牛肉、羊肉、禽肉的占比作为折算比率，计算畜禽肉类生产料肉比综合转化率为3.46（表3-18）。

表3-18　2025年、2030年平衡膳食条件下我国饲料粮需求量

单位：万t

类型		畜禽肉类	水产品	蛋类	奶类及奶制品	合计
2015年	最低需求	6 949	3 559	5 977	6 025	22 509
	最高需求	13 029	6 672	7 471	6 025	33 198
2025年	最低需求	7 178	3 676	6 174	6 224	23 253
	最高需求	13 459	6 893	7 718	6 224	34 294
2030年	最低需求	7 330	3 754	6 305	6 355	23 744
	最高需求	13 743	7 038	7 881	6 355	35 018

（3）食用植物油需求量的估算

在油脂消费中，食用植物油占绝大多数。2015年，全国居民人均食用油消费量10.6kg，其中食用植物油消费10.0kg，占食用油消费量的94.1%。假定在居民油脂消费结构中，食用植物油占食用油的比例不变，按照平衡膳食下油脂需求量的95%，推算

食用植物油的食用部分需求量。

除食用，植物油还有工业和其他用途。2014—2015年，我国食用植物油的国内消费量为3 280万t，其中食用消费量2 960万t，占90.2%；工业及其他消费320万t，占9.8%。假定食物植物油消费结构不变，按照食用需求量占食用植物油需求总量的90%，推算食用植物油总需求量。

（4）平衡膳食条件下主要农产品的需求量估算

在平衡膳食条件下，以最高营养膳食标准计，2030年粮食需求总量7.23亿t，比2015年增加3 758万t；到2025年我国粮食需求量7.08亿t，比2015年增加2 263万t。从人均粮食需求来看，满足最高营养膳食标准的人均粮食消费标准为499kg，其中口粮约182kg，饲料粮242kg，工业和其他月粮75kg（表3-19）。

当前，我国粮食生产能力仅处于满足最低膳食标准有余，满足最高膳食标准尚缺的阶段。经过粮食产量的"十二连增"，2015年我国粮食总产量达到6.21亿t，高于最低营养膳食要求的4.50亿t，但与最高营养膳食要求的6.85亿t相比，仍有6 383万t的缺口，随着城乡居民收入的增长和饮食结构的改变，保障国家粮食安全仍具有较大压力。

从估算结果来看，我国的农业生产结构与我国居民平衡营养膳食需求具有较大差距。当前，我国居民膳食结构不合理，畜禽肉类人均消费量远高于营养膳食标准的上限，植物油接近上限（表3-20）。2015年我国城乡居民平均畜禽肉类消费量31.5kg，远高于上限标准（27kg）；食用植物油消费10.4kg，也接近上限标准（11kg），存在着肉类、油脂等动物性食物消费过多等不合理的膳食行为（王东阳，2014）。过量摄入肉类、油脂类食物，不仅导致我国肥胖率居高不下，而且增加了我国农产品的供给压力。

表3-19　2025年、2030年我国粮食需求量

单位：万t，kg

| 年份 | 类型 | 食物用粮 | | | 非食物用粮 | 总需求量 | 人均粮食消费量 |
		合计	口粮	饲料粮			
2015	最低需求	38 267	15 758	22 509	6 753	45 020	328
	最高需求	58 247	25 050	33 198	10 279	68 526	499
2025	最低需求	39 531	16 278	23 253	6 976	46 507	328
	最高需求	60 170	25 377	34 294	10 618	70 789	499
2030	最低需求	40 366	16 622	23 744	7 123	47 489	328
	最高需求	61 442	26 423	35 018	10 843	72 284	499

注：工业用粮、种子用粮和损耗等非食物用粮按照粮食总消费量的15%计算。

表3-20 2025年、2030年主要农产品需求量

单位：万t

年份	类型	奶类及奶制品	畜禽肉类	水产品	蛋类	蔬菜	水果	食用植物油
2015	最低需求	15 062	2 008	3 523	2 391	17 313	13 947	1 325
	最高需求	15 062	3 766	6 606	2 989	28 855	24 407	1 590
2025	最低需求	15 560	2 075	3 640	2 470	17 885	14 407	1 369
	最高需求	15 560	3 890	6 824	3 087	29 808	25 212	1 642
2030	最低需求	15 888	2 118	3 717	2 522	18 263	14 711	1 398
	最高需求	15 888	3 972	6 969	3 152	30 438	25 745	1 677

第四章
主要农产品国际竞争力与进口潜力

一、主要农产品贸易态势及国际竞争力

（一）农产品贸易快速增长，贸易逆差扩大

2001年加入世界贸易组织后，我国农产品进出口贸易均保持较快速度增长，且进口增速远高于出口。2015年，我国农产品进出口贸易总额1 875.6亿美元，比2001年贸易额增加5.72倍，年均增长14.6%，其中进口额1 168.8亿美元，年均增长17.8%；出口额706.8亿美元，年均增长11.2%。我国在世界农产品贸易中的地位不断提高，影响力不断增强。目前，我国农产品贸易额仅次于欧盟和美国，居世界第三位，出口额世界第五，进口额世界第三。

20世纪90年代末，我国农产品贸易额基本维持在250亿美元左右，出口额约为150亿美元，进口额约为100亿美元。由于近几年来农产品进口增速快于出口，从2004年起，我国农产品贸易由长期顺差转为持续性逆差，且逆差呈快速增长态势。2015年，农产品贸易逆差额达到462.0亿美元，比2004年扩大8.96倍，年均增长23.2%（图4-1）。其中，谷物、油料、食用植物油、棉花、食糖、畜产品的贸易逆差都有不同程度的扩大。

图4-1　1995—2015年我国农产品进出口贸易情况

（二）大宗产品全面净进口态势强化，劳动密集型产品出口稳定发展

粮、棉、油、糖等大宗农产品都是资源集约型产品，在人多地少的农业资源禀赋条

件下，我国谷物、油料、棉花、食糖等土地密集型农产品的生产明显缺乏优势。自2004年我国农产品贸易由净出口转为净进口以来，我国粮、棉、油、糖等主要大宗农产品呈全面净进口态势，且净进口额不断扩大（农业部农业贸易促进中心，2015）。2001—2015年，谷物由4.2亿美元的净出口变为89.6亿美元的净进口；油籽、植物油的净进口额分别由27.8亿美元、5亿美元扩大到376亿美元和58亿美元；棉花、食糖分别由0.4亿美元、2.5亿美元扩大到26.7亿美元、17.2亿美元；畜产品净进口额由1.3亿美元增加至145.6亿美元（表4-1）。根据净进口量和当年单产水平估算，2015年我国粮、棉、油、糖四大产品净进口量相当于10.14亿亩耕地播种面积的产出量，相当于同年我国农业播种面积的40.7%，比2001年增加4.83倍（表4-2）。

蔬菜、水果、水产品等劳动密集型农产品具有一定的价格竞争力和出口潜力，出口量和出口额稳步增加。2001—2015年，我国水产品、蔬菜、水果的净出口额分别由23.0亿美元、22.4亿美元和4.5亿美元增长到113.5亿美元、127.3亿美元和10.2亿美元（表4-1）。

表4-1　2001—2015年我国主要农产品贸易差额变化

单位：亿美元

年份	谷物	油籽	植物油	棉花	食糖	畜产品	蔬菜	水果	水产品
2001	−4.2	27.8	5.0	0.4	2.5	1.3	−22.4	−4.5	−23.0
2005	−0.2	73.3	28.8	32.4	2.7	6.3	−43.7	−13.7	−37.8
2010	9.6	259.1	70.3	58.4	8.5	49.1	−96.7	−23.3	−72.9
2011	14.1	306.2	88.0	96.0	18.9	74.1	−113.9	−24.1	−97.7
2012	43.1	368.2	106.2	119.6	22.0	84.6	−95.6	−24.2	−109.8
2013	45.4	405.6	87.5	37.0	20.3	129.9	−111.6	−21.6	−116.2
2014	57.7	436.8	68.4	51.3	14.5	153.3	−119.9	−10.6	−125.1
2015	89.6	376.0	58.0	26.7	17.2	145.6	−127.3	−10.2	−113.5

数据来源：中国海关。

表4-2　2001—2015年大宗农产品净进口量折算面积

单位：万亩

品种	2001年	2005年	2010年	2011年	2012年	2013年	2014年	2015年
谷物	−130 1	−677	1 696	1 534	3 914	4 035	5 903	9 869
油籽	14 259	23 298	50 076	44 775	50 334	56 702	63 667	70 974

（续）

品种	2001年	2005年	2010年	2011年	2012年	2013年	2014年	2015年
食用植物油	4 053	20 610	22 905	20 549	25 733	22 094	18 674	18 067
棉花	186	3 637	3 808	4 051	5 545	4 648	2 722	1 757
食糖	199	194	305	516	647	765	579	783
合计	17 395	47 061	78 791	71 425	86 173	88 244	91 545	101 451

注：谷物包括小麦、水稻、玉米、大麦和高粱，油籽包括大豆和油菜籽，食用植物油包括豆油、花生油、菜籽油、棕榈油，棕榈油按等面积菜籽油折算油籽面积。

数据来源：历年净进口量据中国海关数据整理；单产数据来自历年《中国农业年鉴》。

（三）进口价差驱动特征显著

从供需平衡来看，我国稻谷、小麦、玉米三大谷物供需基本没有缺口，多数年份甚至是略有盈余，但是近年来，三大谷物进口量呈现全面净进口态势，且进口量快速增加，这主要是受国内外价差驱动。2008年以来，我国主要粮食价格全面高于国际市场价格，且国内外粮食价格差距呈扩大态势。到2015年，谷物国内价格比国际市场高出60%以上，即每吨比国际市场价格高600～800元（表4-3）。

表4-3　中国与国际市场主要粮食市场产品价格比较

单位：元/kg

品种		2005年	2006年	2007年	2008年	2009年	2010年	2011年	2012年	2013年	2014年	2015年
小麦	中国	1.5	1.4	1.5	1.7	1.8	2.0	2.1	2.2	2.4	2.5	2.8
	国际	1.2	1.3	1.8	2.4	1.6	1.6	1.9	2.1	1.9	1.9	1.5
	差价	0.4	0.1	−0.3	−0.7	0.3	0.4	0.2	0.1	0.5	0.6	1.3
稻米	中国	2.3	2.3	2.4	2.8	2.9	3.1	3.5	3.8	3.9	4.0	2.1
	国际	2.1	2.1	2.3	4.2	4.0	3.4	3.4	3.5	3.2	2.6	1.2
	差价	0.2	0.2	0.1	−1.4	−1.1	−0.3	0.1	0.4	0.7	1.4	0.9
玉米	中国	1.2	1.3	1.5	1.6	1.6	1.9	2.2	2.3	2.3	2.3	2.2
	国际	0.8	1.0	1.3	1.6	1.2	1.3	1.9	1.9	1.6	1.3	1.1
	差价	0.4	0.3	0.3	0.1	0.5	0.6	0.3	0.4	0.7	1.1	1.1

注：差价＝中国市场粮食价格−国际市场粮食价格；小麦、玉米和大豆国际价格为美国海湾离岸价，稻米国际价格为曼谷价格；小麦、稻米、玉米和大豆国内价格为全国平均批发价格。

数据来源：中国社会科学院农村发展所，2016. 中国农村经济形势分析与预测：2015—2016 [M]．北京：社会科学出版社．

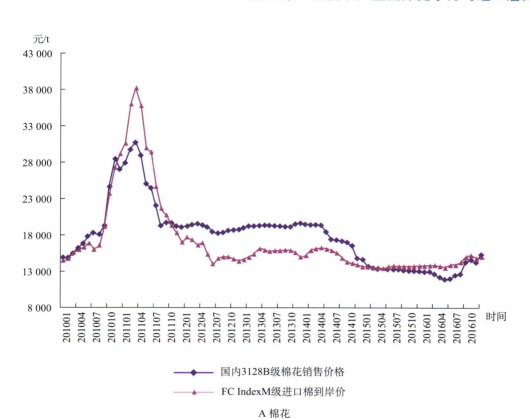

A 棉花

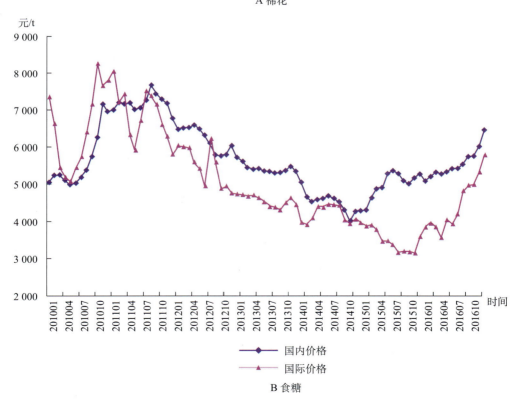

B 食糖

图4-2 2010—2016年我国棉花、食糖国内外价格走势

数据来源：《农业部农产品供需形势分析月报》。

价差扩大给国内农业发展和粮食安全带来越来越严峻的挑战（万宝瑞等，2016）。一是过量进口，导致过量库存。在我国大米供求平衡、库存充裕的情况下，因越南籼米价格低廉，国内企业进口动力强劲。近两年我国大米进口量都在220万t以上，尽管大米进口占我国消费总量的比例十分有限，但进口对籼米主产区影响显著，导致南方籼稻销售困难，库存积压。由于国内外价差，2011—2013年，棉花库存从216万t迅速增至1 167万t，每年形成的库存维护成本高达200亿元（图4-2）；菜籽油和食糖临储库存分别高达600万t和500万t，若按当前市场价格销售，亏损超100亿元。二是导致"天花板"效应增强，影响我国农业产业安全和粮食安全。大豆是受进口农产品冲击影响最大的大宗农产品，也是受"天花板"效应影响最显著的例子。我国大豆关税只有3%，进口价格直接成为国内大豆价格的天花板，国内价格既不能随着需求的拉动而相应提高，也不能随着生产成本的上升而合理上升。大豆种植比较效益因此不断下降，生产波动下滑，就榨油大豆而言，已经由原来的800多万t减少到不足300万t。

（四）进出口贸易地较为集中

除稻谷和棕榈油，大宗农产品进口来源地主要集中在美国、巴西、阿根廷、欧盟等资源较为丰富的国家或地区，如2015年，我国95.0%的进口小麦来自澳大利亚、加拿大、美国，81.4%的进口玉米来自乌克兰，83.8%的进口高粱来自美国，87.5%的进口豆油来自阿根廷、巴西，99.9%的进口棕榈油来自印度尼西亚、马来西亚，72.1%的进口禽肉来自巴西。蔬菜、水果（不含坚果）、水产品出口目的地主要是东盟、日本、韩国等周边国家（表4-4、表4-5）。

表4-4　2015年我国主要农产品进口来源国

单位：万t，%

产品	进口量	主要进口来源地	占比
谷物	3 272	美国（30.7%）、澳大利亚（22.7%）、乌克兰（14.3%）、法国（13.5%）、加拿大（6.2%）	87.4
小麦	301	澳大利亚（41.9%）、加拿大（33.0%）、美国（20.1%）	95.0
稻谷	338	越南（53.2%）、泰国（28.3%）、巴基斯坦（13.1%）	94.6
玉米	473	乌克兰（81.4%）、美国（9.8%）	91.2
大麦	1 073	法国（41.2%）、澳大利亚（40.6%）、加拿大（9.7%）、乌克兰（7.6%）	99.2

（续）

产品	进口量	主要进口来源地	占比
高粱	1 070	美国（83.8%）、澳大利亚（15.4%）	99.2
棉花	176	美国（35.2%）、澳大利亚（17.1%）、印度（16.4%）、乌兹别克斯坦（11.6%）、巴西（9.6%）	89.9
食糖	485	巴西（56.6%）、泰国（12.4%）、古巴（10.7%）、澳大利亚（7.3%）、危地马拉（6.6%）	93.6
大豆	8 169	巴西（49.1%）、美国（34.8%）、阿根廷（11.5%）	95.4
植物油	839	印度尼西亚（43.4%）、马来西亚（27.5%）	70.9
豆油	82	阿根廷（64.2%）、巴西（23.3%）	87.5
菜籽油	82	加拿大（67.9%）	67.9
棕榈油	591	印度尼西亚（60.4%）、马来西亚（39.4%）	99.9
猪肉	78	德国（26.4%）、西班牙（17.6%）、美国（13.0%）、丹麦（10.5%）、加拿大（7.9%）、法国（5.5%）	80.8
牛肉	47	美国（32.9%）、乌拉圭（26.0%）、新西兰（14.8%）、巴西（11.9%）、阿根廷（9.0%）、加拿大（4.9%）	99.5
羊肉	23	新西兰（62.2%）、澳大利亚（36.6%）	98.8
禽肉	41	巴西（72.1%）、阿根廷（9.3%）、美国（8.4%）、智利（6.3%）、波兰（3.0%）	99.1

注：进口来源地的括号部分是指向来源地进口的农产品占我国该类农产品进口总量的比重。

数据来源：中国海关。

表4-5 2015年我国蔬菜、水果、水产品出口目的地

单位：万t，%

产品	出口量	主要出口目的地	占比
蔬菜	1 018	日本（13.6%）、韩国（10.1%）、中国香港（8.7%）、马来西亚（7.7%）、越南（7.0%）、俄罗斯（6.4%）、印度尼西亚（5.5%）、美国（4.5%）、泰国（3.9%）、荷兰（1.2%）	68.6
水果	450	美国（14.2%）、越南（11.8%）、泰国（10.2%）、俄罗斯（9.0%）、日本（6.5%）、马来西亚（5.0%）、印度尼西亚（4.9%）、中国香港（4.8%）、菲律宾（3.1%）、哈萨克斯坦（2.7%）	72.3
水产品	406	日本（14.9%）、东盟（13.9%）、美国（13.6%）、欧盟（12.6%）、韩国（12.1%）、中国香港（5.4%）、中国台湾（3.3%）	75.8

注：出口目的地的括号部分是指向目的地出口的农产品占我国该类农产品出口总量的比重。

数据来源：中国海关。

二、主要农产品未来进口潜力

（一）估算方法

随着国内经济的快速发展，我国越来越多的农业企业开始"走出去"，但由于实施农业"走出去"才刚刚起步，且面临来自政治、经济、法律等多方面风险，因此，弥补国内农产品供需缺口只有通过国际贸易的途径。

为了避免农产品贸易中的"大国效应"及其对世界农产品贸易的影响，在估算主要农产品未来进口潜力时，参考倪洪兴等（2013）研究方法，采取"两个指标，一个取值原则"推算预期进口量的阈值。"两个指标"，即相对于基期（2014年）[①]，评估期农产品进口量占世界贸易比重的涨幅控制在3%以内；新增进口量占同期世界贸易增量的比重控制在30%以内。"一个取值原则"，即为了降低风险，对比两项指标，取下限值。

（二）进口潜力分析

1. 三大谷物

2025年、2030年我国三大谷物进口潜力分别为2 386万t、2 564万t，较2015年进口量1 111万t，仍有少量利用国际市场进行调剂的潜力，有利于国内生产的灵活适度调整，为国内农业产业结构调整和休养生息提高适度空间。

（1）小麦

2015年我国小麦进口量301万t，占世界小麦出口总量[②]的2.0%；主要进口来源地是澳大利亚、加拿大、美国，占进口总量的95%。预计2025年世界小麦生产量7.9亿t，出口量1.7亿t（占产量22.0%）；2030年，世界小麦生产量8.3亿t，出口量1.9亿t（占产量22.6%）。2025年和2030年我国小麦进口潜力分别为870万t和933万t，占世界出口量的5.0%。

（2）稻谷

2015年我国稻谷进口量338万t，占世界出口量的7.6%，主要进口来源地是越南、

---

① 考虑到联合国统计数据库中各国贸易统计数据的滞后性，采用2014年作为估算我国进口潜力的基期。

② 2015年、2025年世界贸易量和2025年世界生产量来自OECD-FAO *Agricultural Outlook* 2016—2025（OECD-FAO，2016）。2030年世界生产量和贸易量是基于以2016—2025年世界贸易量和生产量年均增长率的算术平均数为基础，经作者估算而得。

泰国、巴基斯坦，占进口总量的94.8%。预计2025年、2030年世界稻谷生产量分别为7.9亿t和8.3亿t，出口量0.51亿t和0.55亿t（占产量9.1%和9.2%）。2025年、2030年我国稻谷进口潜力分别为548万t、587万t，占世界出口量的10.6%。

（3）玉米

2015年我国玉米进口量473万t，占世界出口量的3.9%，主要进口来源地是乌克兰和美国，占进口总量的91.2%。预计2025年、2030年世界玉米生产量分别为11.5亿t和12.3亿t，出口量1.42万t和1.52万t（占产量12.4%）。2025年、2030年我国玉米进口潜力分别为971万t、1 044万t，占世界出口量的6.9%。

2．棉、油、糖

当前我国棉花进口量较大，未来进口潜力有限。由于我国食用植物油刚性增长，且需求量较大，为了保证未来供需平衡，需要进一步拓展空间。食糖还有一定进口空间。

（1）棉花

2015年我国棉花进口量176万t，占世界出口量的23.5%，主要进口来源地是美国、澳大利亚、印度、乌兹别克斯坦、巴西，占进口总量的89.9%。预计2025年、2030年世界棉花产量分别为0.28亿t和0.31亿t，出口量869万t和936万t（占产量31%左右）。2025年、2030年我国棉花进口潜力分别为212万t、232万t，占世界出口量的24%左右。

（2）植物油

2015年我国食用植物油进口量839万t，占世界出口量的10.9%，主要进口来源地是印度尼西亚、马来西亚，占进口总量的70.9%。预计2025年、2030年世界食用植物油产量分别为2.19亿t和2.43亿t，出口量0.92亿t和1.01亿t（占产量41.5%左右）。2025年、2030年我国食用植物油进口潜力分别为1 278万t和1 397万t，占世界出口量的14%左右。

（3）食糖

2015年我国食糖进口量485万t，占世界出口量的8.5%，主要进口来源地是巴西、泰国、古巴、澳大利亚、危地马拉，占进口总量的93.6%。预计2025年、2030年世界食糖产量分别为2.10亿t和2.35亿t，出口量0.70亿t和0.78亿t（占产量33%左右）。2025年、2030年我国食糖进口潜力分别为808万t和897万t，占世界出口量的12%左右。

3．畜禽、水产品

猪肉、牛肉、禽肉和水产品进口仍有较大空间；受世界羊肉出口量增长空间有限的影响，未来我国羊肉进口潜力较小。

（1）猪肉

2015年我国猪肉进口量78万t，占世界出口量的10.6%，主要进口来源地是德国、西班牙、美国、丹麦、加拿大、法国，占进口总量的80.8%。预计2025年、2030年世界猪肉产量1.31亿t和1.38亿t，出口量0.08亿t和0.09亿t（占产量6.1%和6.5%）。2025年、2030年我国猪肉进口潜力分别为112万t和124万t，占世界出口量的13.3%左右。

（2）牛羊肉

2015年我国牛羊肉进口量70万t，占世界出口量的5.6%，主要进口来源地是美国、新西兰、澳大利亚等。预计2025年、2030年世界牛羊肉产量0.95亿t和1.03亿t，出口量0.15亿t和0.16亿t（占产量15.8%和15.5%）。2025年、2030年我国牛羊肉进口潜力分别为123万t和134万t，占世界出口量的8.3%左右。

（3）禽肉

2015年我国禽肉进口量41万t，占世界出口量的3.4%，进口主要来源地是巴西、阿根廷、美国、智利、波兰，占进口总量的99.1%。预计2025年、2030年世界禽肉产量1.31亿t和1.41亿t，出口总量0.15亿t和0.17亿t（占产量11.5%和12%）。2025年、2030年我国禽肉进口潜力分别为99万t和112万t，占世界出口量的6.4%。

（4）水产品

2015年我国水产品进口量408万t，占世界出口量的10.5%，主要进口来源地是美国、加拿大等。预计2025年、2030年世界水产品产量1.96亿t和2.10亿t，出口量0.46亿t和0.51亿t（占产量24%左右）。2025年、2030年我国水产品进口潜力分别为627万t和686万t，占世界出口量的13.5%（表4-6、表4-7）。

表4-6　2025年我国主要农产品进口潜力分析

单位：万t，%

产品	2015年			2025年全球贸易预计及我国进口控制参考指标			2025年进口潜力	
	进口	全球贸易	占全球贸易比重	全球贸易	进口参考指标1	进口参考指标2	控制进口阈值	占全球贸易比重
小麦	301	15 153	2.0	17 448	870	989	870	5.0
稻谷	338	4 441	7.6	5 143	545	548	545	10.6
玉米	473	12 256	3.9	14 154	971	1 042	971	6.9
棉花	176	748	23.5	869	230	212	212	24.4

（续）

产品	2015年			2025年全球贸易预计及我国进口控制参考指标			2025年进口潜力	
	进口	全球贸易	占全球贸易比重	全球贸易	进口参考指标1	进口参考指标2	控制进口阈值	占全球贸易比重
食糖	485	5 720	8.5	7 046	808	883	808	11.5
大豆	8 169	12 977	63.0	16 111	10 625	9 110	9 110	56.5
植物油	839	7 717	10.9	9 213	1 278	1 288	1 278	13.9
猪肉	78	731	10.6	844	115	112	112	13.2
牛肉	47	1 109	4.3	1 330	97	114	97	7.3
羊肉	23	138	16.4	150	29	26	26	17.5
禽肉	41	1 192	3.4	1 535	99	144	99	6.4
水产品	408	3 875	10.5	4 636	627	636	627	13.5

注：进口参考指标1=2025年世界贸易量×（2015年占比+3%）；进口参考指标2=2015年进口量+（2025年世界贸易量−2015年世界贸易量）×30%。

数据来源：2015年、2025年世界贸易量来自OECD-FAO *Agricultural Outlook* 2016—2025（OECD-FAO，2016）。

表4-7　2030年我国主要农产品进口潜力分析

单位：万t，%

产品	2015年			2030年全球贸易预计及我国进口控制参考指标			2030年进口潜力	
	进口	全球贸易	占全球贸易比重	全球贸易	进口参考指标1	进口参考指标2	控制进口阈值	占全球贸易比重
小麦	301	15 153	2.0	18 724	933	1 372	933	5.0
稻谷	338	4 441	7.6	5 540	587	667	587	10.6
玉米	473	12 256	3.9	15 217	1 044	1 361	1 044	6.9
棉花	176	748	23.5	936	248	232	232	24.8
食糖	485	5 720	8.5	7 822	897	1 115	897	11.5
大豆	8 169	12 977	63.0	17 953	11 840	9 662	9 662	53.8
植物油	839	7 717	10.9	10 069	1 397	1 545	1 397	13.9
猪肉	78	731	10.6	907	124	130	124	13.6
牛肉	47	1 109	4.3	1 458	106	152	106	7.3
羊肉	23	138	16.4	156	30	28	28	18.0
禽肉	41	1 192	3.4	1 742	112	206	112	6.4
水产品	408	3 875	10.5	5 071	686	767	686	13.5

注：进口参考指标1=2030年世界贸易量×（2015年占比+3%）；进口参考指标2=2015年进口量+（2030年世界贸易量−2015年世界贸易量）×30%。

数据来源：2030年世界贸易量数据以2016—2025年世界贸易量年均增长率的算术平均数为基础，经估算而得。

第五章
农业结构优化方案

一、农业结构调整的思路与重点

（一）总体思路

全面贯彻党的十八大和十八届三中、四中、五中和六中全会精神，以五大新发展理念为统领，贯彻落实国家粮食安全新战略和生态文明建设总体部署，重点优化作物结构、产业结构和空间结构三类结构，大力拓展饲料饲草业、加工业和服务业三大产业，加快构建与资源环境相匹配、与市场需求相适应、种养加服协调发展的现代农业结构，全面提升农业的市场竞争力和可持续发展能力。

（二）基本原则

1．市场导向，产业融合

充分发挥市场在资源配置方面的决定性作用，适应居民消费快速升级需要，突出优质化、专用化、多样化和特色化方向，引导农民安排好生产和农业结构。以关联产业升级转型为契机，推进农牧结合，发展农产品加工业，扩展农业多功能，实现一、二、三产业融合发展，提升农业效益。

2．粮食安全，用地优先

立足我国国情和粮情，基于"谷物基本自给、口粮绝对安全"的战略底线需求，建立粮食生产功能区和重要农产品生产保护区，优先确保粮食和其他重要农产品产能底线用地，实施藏粮于地、藏粮于技战略，不断巩固提升粮食等重要农产品产能。

3．生态协调，绿色发展

树立尊重自然、顺应自然、保护自然的理念，将农业活动规模与强度控制在区域资源承载力和环境容量允许范围内，推进节水、节肥、节本、增效，建立耕地轮作制度，用地养地结合，促进资源节约循环永续利用，实现农业绿色、低碳、循环、可持续发展。

4．因地制宜，优势厚植

综合考虑各地区资源禀赋、区位优势、市场条件和产业基础等因素，重点发展比较优势突出的产业或产品，做大做强、做优做精，培育壮大具有区域特色的农业主导产品、支柱产业和特色品牌，将地区资源优势转化为产业优势、产品优势和竞争优势。

5．科技支撑，提质增效

依托科技创新，降低生产成本，改善农产品品质，强化农业科技基础条件和装备保障能力建设，提升农业结构调整的科技支撑水平。推进机制创新，培育新型农业经营主体和新型农业服务主体，发展适度规模经营，提升集约化水平和组织化程度。

6．全球视野，内外统筹

在保障国家粮食安全底线的前提下，充分利用国际农业资源和产品市场，保持部分短缺品种的适度进口，满足国内市场需求。引导国内企业参与国际产能合作，在国际市场配置资源、布局产业，提升我国农业国际竞争力和全球影响力。

（三）调整重点

1．发展饲（草）料产业，优化作物结构

推进饲用粮生产，推动粮改饲和种养结合发展，促进粮食、经济作物、饲（草）料三元结构协调发展。积极推进饲用粮生产，在粮食主产区，按照"以养定种"的要求，积极发展饲用玉米、青贮玉米等种植，发展苜蓿等优质牧草种植，进一步挖掘秸秆饲料化潜力，开展粮改饲和种养结合模式试点，促进粮食、经济作物、饲草料三元种植结构协调发展。拓展优质牧草发展空间，合理利用"四荒地"、退耕地、南方草山草坡和冬闲田，种植优质牧草，加快建设人工草地，加快研发适合南方山区、丘陵地区的牧草收割、加工、青贮机械，大力发展肉牛肉羊生产，实施南方现代草地畜牧业推进行动，优化畜产品供给结构。

2．发展优质安全专用农产品，优化产品结构

瞄准市场需求变化，增加市场紧缺和适销对路产品生产，大力发展绿色农业、特色农业和品牌农业，把产品结构调优、调高、调安全，满足居民消费结构升级需要。加强优质农产品品种研发和推广，大力推进标准化生产，推进园艺作物标准园、畜禽标准化规模养殖场和水产健康养殖场建设，积极发展"三品一标"农产品。加强农产品品牌营销推介，建立农产品品牌目录，大力发展会展经济，培育一批知名农产品品牌，加大知识产权保护力度，不断扩大品牌影响力和美誉度。延伸产业链，提高农产品附加值，提高农产品竞争力。

3．发展二、三产业，优化种养加服结构

将产业链、价值链与现代产业发展理念和组织方式引入农业，延伸产业链、打造供应链、形成全产业链，促进一、二、三产融合互动。

加快发展农产品加工业，大力开展加工业示范县、示范园区、示范企业创建活动，引导农产品加工业向主产区、优势产区、特色产区、重点销区及关键物流节点转移，打造农业产业集群，形成加工引导生产、加工促进消费的格局。建设一批专业化、规模化、标准化的原料生产基地，积极发展农产品产地初加工，建立健全农业全产业链的利益联结机制，促进专用原料基地与龙头企业、农产品加工园区、物流配送营销体系紧密衔接，提升农产品加工产品副产物综合利用水平，推动主食加工业和农产品精深加工发展。

发展农业生产全程社会化服务，促进农业规模化经营。围绕技术指导、农资超市、测土配方、统防统治、农机作业、信息服务"六大功能"，整合服务资源，加快新型农业社会化综合服务组织建设，补充完善现有农业服务体系，为农民提供产前、产中、产后全过程综合配套服务，加快促进农业服务转型升级，提升农业社会化综合服务能力，切实打通农业服务"最后一公里"，为广大农民群众提供方便、快捷的服务。

加快推进市场流通体系与储运加工布局的有机衔接，改造升级农产品产地市场，发展"互联网＋"农业。促进农村电子商务加快发展，形成线上线下融合、农产品进城与农资和消费品下乡双向流通格局。

挖掘农村文化资源，拓展农业多功能性，发展都市现代农业和休闲农业，提高农业整体效益。依托农村绿水青山、田园风光、乡土文化等资源，大力发展休闲度假、旅游观光、养生养老、创意农业、农耕体验、乡村手工艺等，使之成为繁荣农村、富裕农民的新兴支柱产业。

4．调整区域布局，优化空间结构

在综合考虑自然条件、经济发展水平、市场需求等因素的基础上，以农业资源环境承载力为基准，因地制宜、宜粮则粮、宜经则经、宜草则草、宜牧则牧、宜渔则渔，优化种养空间结构，合理布局规模化养殖场，配套建设有机肥生产设施，积极发展生态循环农业模式，促进农业生产向优势区聚集，构建优势区域布局和专业生产格局，提高农业生产与资源环境匹配度。

二、作物结构优化方案

（一）主要农产品未来安全需求——多方案的比较分析

1．多方案的食物需求比较分析

根据前文关于我国主要农产品需求预测的研究结论，按照需求量的高低，设定3个情景方案（表5-1）。

方案一，以平衡膳食的低限作为农产品需求的低方案。按照该方案，2030年我国粮食需求量仅4.75亿t，油料5 526万t，糖料14 468万t，棉花649万t。从平衡膳食的角度来看，该方案虽能够满足我国城乡居民基本的膳食营养需求，即可以解决"吃得饱"的问题，但也仅是营养膳食的低限，是保障我国食物安全的"底线"。

方案二，以我国城乡居民各类食物人均消费量的预测值作为农产品需求的中方案。该方案以当前我国人均食物消费走势估算而来，多数农产品需求量处于膳食平衡低限和高限之间。按照该方案，未来我国口粮需求量将不断减少，从2015年的1.89亿t减少至2030年的1.73亿t，口粮占粮食需求总量的比重也从2015年的36.6%下降至2030年的25.3%；饲料粮消费持续增加，从2015年的2.50亿t增加至2030年的4.09亿t，饲料粮占粮食需求总量的比重也从2015年的48.4%上升至2030年的59.8%。

方案三，以平衡膳食的高限作为农产品需求的高方案。按照该方案，2030年我国粮食消费需求量达到7.23亿t，其中口粮2.64亿t，占粮食需求总量的36.6%；饲料粮3.50亿t，占粮食需求总量的48.4%。

对比三个农产品需求情景方案，方案一的膳食营养标准过低，保障能力不足。2015年我国粮食总产量就达到了6.21亿t，比方案一的2030年粮食需求总量还要高出1.46亿t。特别是随着国民经济发展和居民收入增加，对农产品需求还将刚性增长，因此，该方案不能作为新时代我国农业结构调整的目标。方案三粮经饲结构不合理。按照该方案，2030年粮食总需求中粮饲比例为37：48，粮食占比过多，饲料粮太少。因此，推荐第二方案作为作物结构优化的选择。

表5-1　2025年、2030年我国食物需求的方案情景

单位：万t

产品	方案一（低标准）			方案二（中标准）			方案三（高标准）		
	2015年	2025年	2030年	2015年	2025年	2030年	2015年	2025年	2030年
粮食	45 020	46 507	47 489	51 741	63 709	68 495	68 526	70 789	72 284
口粮	15 758	16 278	16 622	18 936	18 225	17 297	25 050	25 877	26 423
饲料粮	22 509	23 253	23 744	25 043	35 928	40 924	33 198	34 294	35 018
工业及其他用粮	6 753	6 976	7 123	7 761	9 556	10 274	10 279	10 618	10 843
棉花	604	715	649	755	894	812	906	1 072	974
食用植物油	1 325	1 369	1 398	2 960	4 054	4 671	1 590	1 642	1 677
食糖	1 248	1 679	1 971	1 560	2 099	2 463	1 872	2 519	2 956
畜禽肉类	2 008	2 075	2 118	5 291	8 066	9 521	3 766	3 890	3 972
奶类	15 062	15 560	15 888	1 793	3 585	4 363	15 062	15 560	15 888
水产品	3 523	3 640	3 717	1 987	2 913	3 438	6 606	6 824	6 969

注：方案一、方案三中的棉花和食糖需求量分别按照方案二中需求量的±20%估算。

2. 主要农产品未来安全需求测算

（1）合理自给率

重点考虑我国资源条件、技术进步、生产基础、消费需求、贸易潜力以及自给率变化趋势等因素，综合确定我国粮食和重要农产品的自给率水平。

口粮。按照国家粮食安全新战略的要求，确保谷物基本自给、口粮绝对安全。从数量上理解口粮绝对安全，即口粮要实现100%自给。虽然我国粮食生产受到气候变化等因素的影响，年际产量有波动，但口粮的稳定供给可以通过年度间的调剂解决。因此本书将口粮自给率设定在100%的水平，即可保证我国口粮的绝对安全。

饲料粮。玉米是三大谷物作物之一，也是饲料粮的重要组成部分，在未来养殖业发展中的地位日趋重要，如果我国大幅增加玉米进口，将会推动国际市场玉米价格上涨，特别是在国际玉米主要供应国可以利用玉米生产燃料乙醇的情况下，玉米的供给保障程度不高。依赖进口饲料粮发展养殖业，或通过直接进口动物性食品来满足全国人民的需求是不现实的。而且，在非特殊情况（严重灾害或国际冲突）下，动物性食品供给的缩减也会产生广泛的影响，如持续时间过长则会造成社会动荡。因此，今后较长时期内，我国正常年份的玉米自给率应保持在90%～95%的水平，以保证谷物基本自给目标的实现；在国内遭遇严重自然灾害时，可以降低到85%，并可相应减少动物性食品生产。

棉花。20世纪70年代之后化纤工业快速发展，化纤对天然纤维的替代作用越来越强，在很大程度上解决了我国人民的纤维需求问题。近年来，随着非织造材料与工艺技术的快速发展和我国纺织服装产品出口增长减缓，预计我国棉花的总需求量在较长时期内难以快速增长。考虑到我国纺织服装产业较高的外贸依存度，棉花自给率可以适当降低，保持在70%的水平。

食用植物油。随着我国人民生活水平的不断提高，食用油消费量逐步增加。虽然我国油料生产和油脂工业得到了长足发展，但仍不能满足需求的增长。1986年以后，我国成为油脂净进口国。1995年以前直接进口食油，1996年后转入食油与油料双进口，对外依存度不断提高，2007年我国进口食用植物油838万t、大豆3 082万t，食用植物油自给率已经低于40%。与此同时，未来国际植物油市场的供给能力也不容乐观，以油菜籽（欧盟）、大豆（美国）及棕榈油（马来西亚）等油料作为原料生产生物柴油将在一定程度上挤占全球食用植物油供应。由此，我国食用植物油和油料的供给应当以恢复和发展国内生产为主，努力遏制食用油及油料自给率的进一步下滑。在国内生产方面，不同种类油料的适种区十分广泛，品质、产量的提高还有很大的空间。综合考虑需求和生产，我国食用植物油自给率到2030年应以恢复到40%的水平为宜。

食糖。改革开放以来，我国食糖消费持续增长，年人均消费量由改革开放前的3kg提高到10kg以上。但在我国人民的饮食习惯中，食糖仅仅是调味品，很难达到西方国家食糖消费的水平。我国是世界人均食糖消费最少的国家之一，长年人均年消费量为世界水平的三分之一左右。近年来，食品工业、饮料业等用糖行业销售收入保持平均15%以上的增长，从而推动工业用糖迅速增加。可以预见，随着人口增长、消费水平提高和消费观念改变，食糖等天然甜味剂消费仍会持续增长。从长期来看，糖料生产的发展赶不上消费增长，预计未来我国食糖缺口会有所扩大，需要进口弥补。国际食糖贸易通常通过特惠安排或长期协议进行，贸易量相对稳定，适度扩大进口不会对国内食糖产业造成很大冲击。综合考虑供需两方面因素，2030年前，我国食糖自给率保持在70%的水平比较适宜。

各类农产品自给率测算结果如表5-2所示。

表5-2　我国主要农产品自给率水平

单位：%

品种	现状（近三年平均）	2025年	2030年
口粮	105	100	100
饲料粮	126	95	95
棉花	76	70	70
食用植物油	35	40	40
食糖	70	70	70

（2）油料出油率预测

我国大豆出油率较低，平均只有16.5%，巴西可以达到19.1%，阿根廷也在18%以上；我国油菜籽的出油率为32%～39%，全国平均水平在35%左右；花生平均出油率在31.5%左右，高的可达40%（王瑞元，2015）。预计到2025年和2030年，大豆、油菜籽和花生出油率分别比当前水平提高1.5个和1个百分点，大豆出油率将达到18%和19%，油菜籽出油率达到37%和38%，而花生出油率达到33%和34%。根据三种油料消费量比重计算其加权平均出油率为2025年24.3%、2030年25.3%（表5-3）。

表5-3　我国油料平均出油率预测

单位：%

品种	2015年	2025年	2030年	归一化权重
大豆	16.5	18.0	19.0	61.0
花生	31.5	33.0	34.0	27.0
油菜籽	35.5	37.0	38.0	12.0
油料平均	22.8	24.3	25.3	

注：归一化权重由豆油、花生油、菜籽油3种植物油脂2014年国内消费量占比计算得来。

（3）糖料出糖率预测

我国糖料加工的出糖率偏低，目前甘蔗平均出糖率仅为10%，即使是规模较大、设备相对先进的企业，出糖率也不到12%，而澳大利亚甘蔗的平均出糖率高达13.6%。另外，一些相关研究显示，甘蔗生产发达、制糖工业比较先进的广西和云南的出糖率分别为12.58%和12%。我国主要的甜菜生产省区新疆和黑龙江的甜菜出糖率目前分别为12%和14%左右，平均12.5%。预测我国甘蔗的平均产糖率在2020年达到目前广西12.58%的水平，而2030年则达到目前澳大利亚13.58%的水平；甜菜产糖率的平均值

2020年为13.5%，2030年达到14%。根据两种糖料产量比重计算其加权，2025年平均出糖率为12.66%，2030年平均出糖率为13.62%（表5-4）。

表5-4　我国糖料出糖率预测

单位：%

品种	2015年	2025年	2030年	归一化权重
甘蔗	11.00	12.58	13.58	91.66
甜菜	13.00	13.50	14.00	8.34
糖料平均	11.17	12.66	13.62	

注：归一化权重由2014年甘蔗、甜菜产量占比计算得来。

（4）主要农产品未来安全需求量

根据方案二的未来需求预测结果、自给率水平和进口潜力，计算得到我国未来我国主要农产品安全需求量。到2030年，粮食安全需求量6.59亿t（不含压榨大豆），其中口粮1.73亿t，饲料粮3.89亿t，工业及其他用粮0.98亿t；棉花、食用植物油、食糖安全需求量568万t、1 869万t、1 724万t。

根据油料平均出油率和糖料平均出糖率来估算，则2025年满足安全需要的油料（含压榨大豆）和糖料产量分别为6 673万t和11 605万t；2030年油料和糖料产量分别为7 385万t和12 659万t（表5-5）。

表5-5　全国主要农产品安全需求量预测值

单位：万t，%

品种	实际产量	预测需求量		自给率	安全需求量	
	2015年	2025年	2030年		2025年	2030年
粮食	60 965	63 709	68 495		61 435	65 935
口粮	—	18 225	17 297	100	18 225	17 297
饲料粮	—	35 928	40 924	95	34 131	38 878
工业及其他用粮	—	9 556	10 274	95	9 079	9 761
棉花	560	894	812	70	626	568
食用植物油	1 126	4 054	4 671	40	1 621	1 869
食糖	1 396	2 099	2 463	70	1 469	1 724

注：实际产量中粮食产量不包括大豆，食用植物油产量指国产油料榨油量，食糖产量根据糖料产量估算。需求量中压榨大豆计入油料；油料仅指食用部分的植物油所需油料，不包括工业及其他用油所需油料。

（二）农产品供给的保障能力

1．耕地规模

耕地面积减少，特别是一些粮食主产区耕地面积快速减少，对农产品有效供给造成挑战。未来15～20年是工业化、城市化加速发展的重要时期，工业和城市建设占用耕地将进一步增加。另外，根据《新一轮退耕还林还草总体方案》，到2020年全国还将有4 240万亩的坡耕地和严重沙化耕地退耕还林还草。2015年全国耕地面积202 498万亩，较2009年减少579万亩。从区域来看，东部沿海发达地区耕地面积减少相对较少，一些中部省份特别是近年来城镇化快速发展地区耕地面积下降较多。2009—2015年，河南、山东、湖北、辽宁、河北、吉林、黑龙江、江苏8省耕地面积减少589万亩，占同期全国耕地减少量（579万亩）的101.8%。可以发现，这些地区不仅是近年来城镇化发展最为迅速的地区，而且全部是粮食主产区，2015年粮食产量占全国粮食总产量的52.1%（表5-6）。粮食增加的地区主要集中内蒙古、新疆等地广人稀的西北地区。耕地"占优补劣"严重。从各区域耕地增减情况来讲，耕地增加区域多为干旱农业区，如内蒙古、新疆，耕地生产能力远低于中东部粮食主产区。

从耕地面积变化趋势来看，近年来由于我国采取各种措施保护耕地，全国耕地面积减少趋势得到缓解。特别是2007年以后，全国耕地面积平均每年减少约70万亩，年均减幅0.03%。预计2016—2030年耕地面积变化保持0.03%的减少率，即每年约70万亩，则2025年和2030年全国耕地规模分别为201 891万亩和201 589万亩，其中由于中部地区目前还处于城市化进程快速发展期，预计未来耕地减少的主要区域还将是中部地区。

表5-6　2009—2015年全国各地区城镇化率及耕地面积变化情况

单位：%，万亩

地区	城镇化率			耕地面积			
	2009年	2015年	变化	2009年	2015年	变化	变化占比
全国	48.3	56.1	7.8	203 077	202 498	−579	
北京	85.0	86.5	1.5	341	329	−12	2.0
天津	78.0	82.6	4.6	671	655	−15	2.7
河北	43.7	51.3	7.6	9 842	9 788	−54	9.3

（续）

地区	城镇化率			耕地面积			
	2009年	2015年	变化	2009年	2015年	变化	变化占比
山西	46.0	55.0	9.0	6 103	6 088	−14	2.5
内蒙古	53.4	60.3	6.9	13 784	13 857	73	−12.6
辽宁	60.4	67.4	7.0	7 563	7 466	−97	16.7
吉林	53.3	55.3	2.0	10 546	10 499	−47	8.1
黑龙江	55.5	58.8	3.3	23 799	23 781	−18	3.1
上海	88.6	87.6	−1.0	285	285	0	0
江苏	55.6	66.5	10.9	6 919	6 862	−57	9.9
浙江	57.9	65.8	7.9	2 980	2 968	−12	2.1
安徽	42.1	50.5	8.4	8 861	8 809	−51	8.8
福建	55.1	62.6	7.5	2 013	2 004	−8	1.4
江西	43.2	51.6	8.4	4 634	4 624	−10	1.6
山东	48.3	57.0	8.7	11 502	11 416	−86	14.9
河南	37.7	46.8	9.1	12 288	12 159	−129	22.3
湖北	46.0	56.9	10.9	7 985	7 882	−102	17.6
湖南	43.2	50.9	7.7	6 203	6 225	23	−3.9
广东	63.4	68.7	5.3	3 798	3 924	125	−21.7
广西	39.2	47.1	7.9	6 646	6 603	−42	7.3
海南	49.2	55.1	5.9	1 095	1 089	−6	1.0
重庆	51.6	60.9	9.3	3 658	3 646	−12	2.1
四川	38.7	47.7	9.0	10 080	10 097	17	−3.0
贵州	29.9	42.0	12.1	6 844	6 806	−38	6.5
云南	34.0	43.3	9.3	9 366	9 313	−53	9.2
西藏	22.3	27.8	5.5	665	665	0	0
陕西	43.5	53.9	10.4	5 996	5 993	−4	0.6
甘肃	34.9	43.2	8.3	8 115	8 062	−53	9.2
青海	42.0	50.3	8.3	882	883	1	−0.1
宁夏	46.1	55.2	9.2	1 932	1 935	3	−0.5
新疆	39.8	47.2	7.4	7 685	7 783	99	−17.0

2．复种指数

中国耕地复种指数潜力到底有多大？目前没有统一的认识。刘巽浩（1997）基于全国耕地统计面积预测2010年我国复种指数潜力为170%。范锦龙、吴炳方（2004）借助GIS工具，根据积温、降水来计算像元级的复种指数潜力，然后通过空间统计得到全国及各省的复种指数潜力，全国复种指数潜力为1.985。梁书民（2007）将耕地地力信息系统层面同利用 ≥10℃积温层面推导出的复种指数层面相交，然后用分类汇总的方法计算各复种指数区内的耕地面积，最后通过加权平均计算出的全国总复种指数潜力为1.821。总的来看，我国耕地复种指数潜力应在1.8以上。

近20年我国复种指数一直呈稳定增长的态势，从1996年的1.06增长到了2015年的1.23，增幅为16.2%，年均增长率为0.79%（图5-1）。由于务农机会成本提高和现行农村土地制度等制约，我国复种指数提高的幅度将会有所降低，预计2016—2030年复种指数将保持年均0.79%的增长，则2020年和2030年我国复种指数将分别达到1.333 5和1.387 1，到2030年复种指数距离关于我国复种指数增长潜力（1.8）还有相当大的提升空间。

图5-1　1996—2015年全国耕地面积、农作物播种面积和复种指数

数据来源：2013年以前耕地数据来自陈印军等（2016），其中对受第一次土地调查
与第二次土地调查差异影响的2009年以前数据进行了修正。

3．单位面积产量

面对农产品需求的刚性增长和耕地面积减少的现实，今后只能通过提高单产来增加农产品供给。2003年以后，由于当时农产品供求关系紧张，国家陆续出台了一系列鼓励和支持农业生产的政策，粮、棉、油、糖等主要农产品不仅总产量持续增长，单产也快速增加。2015年我国粮、棉、油、糖亩均单产分别为365.5kg、98.4kg、168.0kg、4 798.8kg，比2005年分别增长56.1kg、24.7kg、23.1kg和770.8kg，年平均增长幅度分别为1.7%、1.6%、2.7%和1.8%（图5-2）。在化肥等各种生产资料高强度投入下，粮、棉、油、糖单产经历了十来年的持续快速增长，未来进一步增加主要农产品单产的难度会越来越大。此外，在生态文明建设和农产品供给相对宽松的背景下，未来农业生产将更加注重效益的集约发展模式以及对农业资源环境的保护，而不是过分强调农产品总量的增长。因此，预计2016—2025年粮、棉、油、糖单产年平均增长率将在2005—2015年平均增长率基础上减半，2025—2030年单产平均增长率在此基础上进一步减半，预测2030年全国粮食、棉花、油料、糖料平均每亩单产将分别达到407kg、117kg、187kg、5 332kg（表5-7）。

图5-2 2000—2015年各类农产品全国平均单产

表5-7 各类农产品单位面积产量预测

单位：kg/亩

年份	粮食	棉花	油料	糖料
2015	366	98	168	4 799
2025	397	113	182	5 240
2030	407	117	187	5 332

（三）作物结构调整总体方案

1．作物结构调整的总体目标

适应新形势下农业发展的要求，充分利用国内国际两个市场、两种资源，发挥区域比较优势，依靠科技进步和技术创新，全方位调整农作物品种结构、品质结构和区域结构，积极推进由二元结构向三元结构发展，即把目前种植业生产以粮食为主兼顾经济作物的二元结构，逐步发展成节水高效的粮—经—饲三元结构，大力发展优质、高产、高效农业，提高商品化、专业化、集约化、产业化水平，促进种植业生产向深度和广度发展，实现总量平衡、农民增收。

2．作物结构调整的重点

（1）优化品种结构和空间结构，保障口粮绝对安全

稳定粮食生产面积，保证口粮的品种和数量，保障粮食的有效供给，确保人均粮食占有量的数量和质量不能降低。结构调整的重点应放在稳定粮食生产面积的基础上，改善稻、麦、玉米、大豆的品种结构和品质结构，优化空间区域布局。

（2）推动二元结构向粮经饲三元结构转变

面对畜产品需求快速增长的态势，越来越多的种植业产品将作为饲料用于养殖业。因此，要确立饲料作物在种植业中的地位，提高饲料作物和养地作物的比重，调整重点要放在饲料作物结构的优化上，适当减少籽粒玉米生产规模，选择并扩大蛋白质含量高的饲用稻、玉米、小黑麦、薯类、豆类和牧草的种植，并尽量多种植肥饲兼用作物。

（3）构建与农业资源承载力和环境容量相匹配的农业生产力布局

当前我国农业发展面临资源环境约束的压力越来越大，因此，调整的重点要以农业资源环境承载力为基准，因地制宜，宜粮则粮、宜经则经、宜草则草、宜牧则牧、宜渔则渔，构建优势区域布局和专业生产格局，提高农业生产与资源环境匹配度。

（4）建立用地养地结合的种植业结构

种植业生产规模要以农业资源承载力和环境容量为基础，确保促进资源永续利用、生产生态协调发展。因此，调整重点要大力发展大豆等养地作物，恢复大豆玉米轮作、麦豆轮作种植，发挥豆科作物固氮养地的作用。

3．种植业结构调整方案

从食物发展的全局出发，在统筹兼顾配置口粮、工业用粮、种子用粮以及各种经

济作物生产的基础上，形成粮食作物—经济作物—饲料作物协调发展的新型三元结构。本书以2015年为基期，以主要农产品需求预测、进口潜力和主要农作物单产预测为基础对作物种植面积作了初步测算，综合提出了"一保，一稳，一增"的种植业结构调整方案，即保证口粮绝对安全，稳定经济作物，增加饲料作物。到2025年，粮食作物、经济作物、饲料作物播种面积比重从2015年的52.1∶30.7∶17.2调整至2025年的47.3∶30.0∶22.7；到2030年，粮食作物播种面积占比继续下降至44.8%，经济作物维持29.6%，饲料作物上升至25.7%（表5—8）。

该方案在考虑农产品消费需求升级、生态安全、产业安全的需要的基础上，在兼顾棉、油、糖等其他作物得到应有安排的同时，把饲料作物从粮食作物和经济作物独立出来，专门安排了饲用粮食和饲料。在种植业内部，对粮饲结构进行重大调整，重点发展专用饲料（玉米）和饲草，推动粮食作物—经济作物—饲料作物三者协调发展。

表5—8　2025年、2030年全国作物结构调整方案

单位：万亩，%

年份	地区	农作物播种面积	粮—经—饲结构			主要农作物占比					
			粮食作物	经济作物	饲料作物	水稻	小麦	玉米	棉花	糖料	油料
2015	全国	249 561	52.1	30.7	17.2	18.2	14.5	22.9	2.3	1.0	8.4
	东北区	40 612	53.5	10.4	36.1	16.7	1.4	53.6	0	0.1	3.9
	华北区	52 251	47.8	29.2	23.0	2.5	33.5	28.9	2.9	0.1	8.1
	长江中下游区	62 362	55.7	34.9	9.3	36.3	14.2	5.9	1.9	0.1	12.3
	华南区	21 144	43.1	48.3	8.6	35.2	0.1	6.1	0	8.4	5.6
	西南区	38 990	46.1	35.0	19.0	17.3	7.2	16.0	0	1.4	9.8
	黄土高原区	18 385	48.8	23.4	27.8	1.1	20.3	30.8	0.3	0	6.0
	西北绿洲灌溉农业区	12 069	29.4	50.9	19.7	1.6	19.0	22.3	24.0	0.8	7.1
	内蒙古中部区	2 530	44.9	22.9	32.2	0	10.0	28.4	0	1.1	13.8
	青藏区	1 217	42.8	34.8	22.4	0.1	15.4	3.9	0	0	20.8

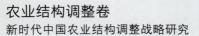

(续)

年份	地区	农作物播种面积	粮—经—饲结构			主要农作物占比					
			粮食作物	经济作物	饲料作物	水稻	小麦	玉米	棉花	糖料	油料
2025	全国	269 225	47.3	30.0	22.7	16.0	12.9	27.2	2.2	1.0	9.3
	东北区	43 812	48.6	11.2	40.2	14.4	1.2	55.9	0	0.1	5.0
	华北区	56 368	43.4	28.6	28.0	2.2	29.8	32.0	2.8	0.1	8.9
	长江中下游区	67 276	50.7	33.9	15.4	32.5	12.9	8.5	1.9	0.1	12.8
	华南区	22 810	39.0	46.3	14.7	31.1	0.1	8.9	0	7.8	6.6
	西南区	42 062	41.7	34.0	24.3	15.1	6.3	18.8	0	1.3	10.5
	黄土高原区	19 834	44.3	23.2	32.5	1.0	17.8	33.4	0.4	0	7.0
	西北绿洲灌溉农业区	13 020	26.3	48.7	25.0	1.4	16.4	26.3	22.3	0.8	8.0
	内蒙古中部区	2 730	40.7	22.7	36.6	0	8.6	30.8	0	1.0	14.2
	青藏区	1 313	38.7	33.8	27.5	0.1	13.3	4.9	0	0	20.7
2030	全国	279 630	44.8	29.6	25.7	14.8	12.0	29.5	1.8	1.0	9.9
	东北区	45 505	46.0	11.5	42.5	13.1	1.1	57.4	0	0.2	5.9
	华北区	58 547	41.0	28.2	30.8	2.0	27.8	33.8	2.4	0.1	9.6
	长江中下游区	69 876	48.0	33.4	18.6	30.5	12.1	9.9	1.5	0.2	13.4
	华南区	23 692	36.7	45.3	18.0	29.0	0	10.5	0	7.6	7.3
	西南区	43 688	39.4	33.4	27.2	13.8	5.9	20.4	0	1.3	11.2
	黄土高原区	20 600	41.8	23.1	35.0	0.9	16.4	34.9	0	0.1	7.8
	西北绿洲灌溉农业区	13 523	24.5	47.6	27.9	1.2	14.9	28.4	21.2	0.8	8.7
	内蒙古中部区	2 835	38.4	22.6	39.0	0.0	7.8	32.1	0	1.0	14.7
	青藏区	1 363	36.5	33.2	30.3	0.1	12.2	5.4	0	0	20.9

　　注：粮食作物包括稻谷、小麦、玉米、大豆和薯类杂粮的食用和工业用粮部分；经济作物包括棉花、油料、糖料、蔬菜等；饲料作物包括饲料玉米、饲料稻、饲用薯类、饲用杂粮、青饲料等。

（四）区域作物结构调整方案

1．重点作物区域布局调整

水稻南恢北稳。东北地区井灌区水稻种植面积逐步收缩，重点提升江河湖灌区水稻集约化水平，提升产品质量；西北地区减少水稻种植；未来重点建设长江中下游、西南水稻优势产区，恢复水热资源匹配度较高的华南区水稻种植。

小麦北稳南压。稳定黄淮海小麦主产区生产能力，提升长江中下游稻茬麦区单产水平，适度恢复东北强筋春麦区生产能力；适当调减黄淮海地下水超采区小麦面积。

玉米稳优控非。稳定东北和黄淮海玉米优势区面积，调减北方农牧交错区、西北风沙干旱区、西南石漠化区等非优势区的玉米面积。扩大青贮玉米，为畜牧业提供优质饲料来源；调减籽粒玉米，特别是非优势区籽粒玉米生产。

大豆粮豆轮作。因地制宜开展粮豆轮作，逐步恢复和提高大豆面积。东北地区扩大优质食用大豆面积，稳定油用大豆面积；黄淮地区以优质高蛋白食用大豆为重点，适当恢复面积；南方地区发展间套作，实现种地养地相结合。

油料稳油菜增花生。加强长江流域油菜优势区建设，发展南方冬闲田和沿江湖边滩涂地双低油菜种植；北方地区适当扩大春油菜面积。扩大花生面积，主攻黄淮海榨油花生，发展粮油轮作。

棉花稳北增效。稳定新疆棉区，推广耐盐碱、抗性强、宜机收的高产棉花品种和机械化生产技术。巩固沿海沿江沿黄环湖盐碱滩涂棉区。

糖料提蔗稳甜。甘蔗重点发展桂中南、滇西南两个优势区建设。稳步新疆、内蒙古、黑龙江等北方甜菜主产区，压缩南方和黄淮海地区甜菜。

蔬菜均衡发展。调减黄淮海区设施蔬菜，降低面源污染强度；调减华南区南菜北运面积和规模；巩固西南区冬春蔬菜基地、黄土高原区、甘新区夏秋蔬菜基地。

饲草积极发展。以养带草，北方地区发展苜蓿、青贮玉米、饲用燕麦、饲用大麦等，草粮轮作，南方地区发展黑麦草、三叶草、狼尾草、饲用油菜等多种饲料作物，开发草山草坡。

2．地区作物结构调整

根据作物结构、布局和种植制度的相对一致性，同时考虑数据获取的可操作性，我们将全国种植业划分为东北区、华北区、长江中下游区、华南区、西南区、黄土高原

区、西北绿洲灌溉农业区、内蒙古中部区和青藏高原区9个区（图5-3）。

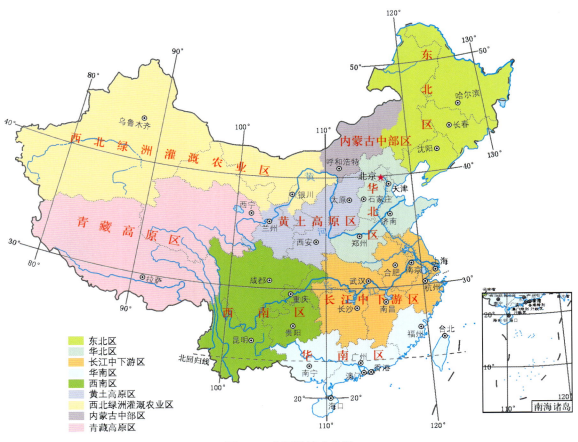

图5-3 全国种植业分区

（1）东北区

东北区包括辽宁、吉林、黑龙江三省以及内蒙古东四盟（呼伦贝尔市、兴安盟、通辽市、赤峰市）。该区地域辽阔，耕地面积大，土壤肥沃且集中连片，光温水热条件好，可满足春小麦、玉米、大豆、粳稻、马铃薯、花生、向日葵、甜菜、杂粮、杂豆及温带瓜果蔬菜的种植需要。农业现代化水平较高，粮食商品率高，是全国传统的商品粮基地，近年来种植业生产专业化程度迅速提高，成为我国重要的玉米和粳稻集中产区。

结构调整方向：稳定水稻，扩种大豆、杂粮、薯类和饲草作物，构建合理轮作制度。具体措施包括稳定三江平原、松嫩平原等优势产区的水稻面积，调减黑龙江北部、内蒙古呼伦贝尔以及农牧交错带玉米面积，调减的玉米面积扩种大豆、杂粮、薯类和饲草作物，改变种植方式，推行粮豆轮作、粮草（饲）轮作和种养循环模式，实现用地养地相结合，逐步建立合理的轮作体系。预计到2025年粮食作物播种面积占48.6%，经济作物占11.2%，饲料作物占40.2%；到2030年粮食作物播种面积占46.0%，经济作物占11.5%，饲料作物占42.5%。

（2）华北区

华北区包括北京、天津、河北、山东、河南五省（直辖市）。该区地处我国中纬度地带，地势低平，平原面积占全国平原总面积的1/3左右，是我国重要的粮、棉、油菜、饲生产基地。该区域城市密集，非农人口比重较大，2015年农业产值占地区生产总值的7.7%。水资源不足、地下水超采、耕地数量和质量下降是该区农业生产的主要限制因素，京津冀协同发展对该区域农业结构调整有特殊要求。2015年地区粮食作物种植面积占47.8%，经济作物占29.2%，饲料作物占23.0%。

结构调整方向：以稳定为主，适度调减，三元统筹。稳定小麦面积，完善小麦—玉米、小麦—大豆（花生）一年两熟种植模式，稳定蔬菜面积；在稳步提升粮食产能的前提下，适度调减华北地下水严重超采区的小麦种植面积，改种耐旱耐盐碱的棉花和油葵等作物，扩种马铃薯、苜蓿等耐旱作物；扩大青贮玉米面积，统筹粮棉油菜饲生产，适当扩种花生、大豆、饲草。预计2025年粮食作物占比43.4%，经济作物占28.6%，饲料作物占28.0%；2030年粮食作物占41.0%，经济作物占28.2%，饲料作物占30.8%。

（3）长江中下游区

长江中下游区包括上海、江苏、浙江、安徽、江西、湖北、湖南7省（直辖市）。该区种植业以水稻、小麦、油菜、棉花等作物为主，粮食作物播种面积占全国20%，产量占全国30%，粮食作物占全区农作物播种面积的56%，是我国重要的粮、油、棉生产基地。同时，该区也是我国经济最发达的地区，城市化和工业与农业征地矛盾较为突出。该区水热资源丰富，河网密布、水系发达，但多湖泊、多洼地的地形及亚热带季风气候，导致该区洪涝灾害频发，对农业生产造成严重影响。

结构调整方向：稳定双季稻面积，稳定油菜面积，提升品质。稳定双季稻面积，推广水稻集中育秧和机械插秧，提高秧苗素质，减少除草剂使用，规避倒春寒，修复稻田生态；稳定油菜面积，加快选育推广生育期短、宜机收的油菜品种，做好茬口衔接；提升品质，选育推广生育期适中、产量高、品质好的优质籼稻和粳稻品种，高产优质的弱筋小麦专用品种；开发利用沿海沿江环湖盐碱滩涂资源种植棉花，开发冬闲田扩种黑麦

草等饲（草）料作物。预计到2025年粮食作物播种面积占50.7%，经济作物占33.9%，饲（草）料作物占15.4%；到2030年粮食作物占48.0%，经济作物占33.4%，饲（草）料作物占18.6%。

（4）华南区

华南区包括福建、广东、广西、海南4省（自治区）。该区不仅是我国重要的粮食生产基地，还是我国重要热带作物的生产基地。该区属热带、亚热带季风气候，气候温暖湿润，雨热同季。主要种植作物有水稻、旱稻、小麦、番薯、木薯、玉米、高粱等，经济作物主要有橡胶、甘蔗、麻类、花生、芝麻、茶等；该区的热带林木、热带水果、热带水产在我国农业生产中占有重要地位。珠三角城市群位于区内，区域人地矛盾突出，人口密度高，粮食消费量大，但粮食种植面积仅占全国10%，每年靠调入粮食平衡供求关系。

结构调整方向：稳定水稻面积，稳定糖料面积，扩大冬种面积。稳定双季稻面积，选育推广优质籼稻，因地制宜发展再生稻；稳定糖料面积，推广应用脱毒健康种苗，加强"双高"蔗田基础设施建设，推动生产规模化、专业化、集约化，加快机械收获步伐，大力推广秋冬植蔗，深挖节本、增效潜力；充分利用冬季光温资源，扩种冬种马铃薯、玉米、蚕豌豆、绿肥和饲草作物等，加强南菜北运基地基础设施建设。预计到2025年，粮经饲种植面积比例调整为39.0∶46.3∶14.7；到2030年粮经饲种植面积比例调整为36.7∶45.3∶18.0。

（5）西南区

西南区包括四川、重庆、云南、贵州。该区位于我国长江、珠江等大江大河的上游生态屏障地区，地形复杂，山地、丘陵、盆地交错分布，垂直气候特征明显，生态类型多样，冬季温和，生长季长，雨热同季，适宜多种作物生长，有利于生态农业、立体农业的发展。年降水量800~1 600mm，无霜期210~340d，≥10℃积温3 500~6 500℃，日照时数1 200~2 600h。该区种植业主要以玉米、水稻、小麦、大豆、马铃薯、甘薯、油菜、甘蔗、烟叶、苎麻等作物为主，是我国重要的蔬菜和中药材生产区域。2015年粮经饲种植面积比例为46∶35∶19。农业发展主要制约因素是土地细碎，人地矛盾紧张，石漠化、水土流失、季节性干旱等问题突出，坡耕地比重大，不利于机械作业。

结构调整方向：以地定种，稳经扩饲，增饲促牧。稳定水稻、小麦生产，发展再生稻，稳定藏区青稞面积，扩种马铃薯和杂粮杂豆。推广油菜育苗移栽和机械直播等技术，扩大优质油菜生产。对坡度25°以上的耕地实行退耕还林还草，调减云贵高原非优势区玉米面积，改种优质饲草，发展草食畜牧业。发挥光温资源丰富、生产类型多样、种植模式灵活的优势，推广玉米—大豆、玉米—马铃薯、玉米—红薯间套作等生态型复合种植，合理利用耕地资源，提高土地产出率，实现增产增收。预计2025年粮经饲作物种植面积比例将达到41.7∶34.0∶24.3；2030年将达到39.4∶33.4∶27.2。

（6）黄土高原区

黄土高原区包括山西、陕西、宁夏和甘肃中东部。该区大部分位于我国干旱、半干旱地带，土地广袤，光热资源丰富，耕地充足，人口稀少，增产潜力较大。但干旱少雨，水土流失和土壤沙化现象严重。年降水量小于400mm，无霜期100～250d，初霜日在10月底，≥10℃积温2 000～4 500℃，日照时数2 600～3 400h。是我国传统的春小麦、马铃薯、杂粮、春油菜、温带水具产区，2015年农作物播种面积占全国7.37%，粮经饲作物种植面积比例为48.8∶23.4∶27.8。该区农业发展主要制约因素是水资源短缺，农业生态脆弱。

结构调整方向：挖掘降水生产潜力，建立高效旱作农业生产结构。以推广覆膜技术为载体，稳定小麦等夏熟作物种植，积极发展马铃薯、春小麦、杂粮杂豆种植，因地制宜发展青贮玉米、苜蓿、饲用油菜、饲用燕麦等饲草作物种植。积极发展特色杂粮杂豆种植，扩种特色油料，增加市场供应，促进农民增收。加强玉米、蔬菜、脱毒马铃薯、苜蓿等制种基地建设，满足生产用种需要。预计2025年粮经饲作物种植面积比例将达到44.3∶23.2∶32.5；2030年粮经饲作物种植面积比例将达到41.8∶23.1∶35.1。

（7）西北绿洲灌溉农业区

西北绿洲灌溉农业区包括新疆、内蒙古西部、宁夏北部和河西走廊地区。该区人少地多，种植业生产水平较高，是粮食输出类型区，是重要的优质棉花产区。属干旱半干旱型气候，降水稀少，年均降水量小于300mm，蒸发强烈，沙漠化、盐碱化过程强烈，农业生态环境脆弱。地均水资源偏少，土地资源丰富，进一步开发潜力大。2015年农作物播种面积占全国4.84%，粮经饲作物种植面积比例为29.4∶50.9∶19.7。该区主要制约因素是水土矛盾突出，水资源开发利用率过高，易导致生态环境问题。

结构调整方向：以水定地、以地定种，建立节水型农业生产体系。发挥新疆光热和土地资源优势，推广膜下滴灌、水肥一体等节本增效技术，积极推进棉花机械采收，稳定棉花种植面积。推进棉花规模化种植、标准化生产、机械化作业，提高生产水平和效率。发展饲（草）料生产，推行草田轮作，保护山区草场，促进牧业发展。预计2025年粮经饲作物种植面积比例将达到26.3∶48.7∶25.0；2030年粮经饲作物种植面积比例将达到24.5∶47.6∶27.9。

（8）内蒙古中部区

内蒙古中部区包括内蒙古呼和浩特、包头、锡林郭勒盟、乌兰察布市。该区以内蒙古高原中温带半干旱草原为主体，自然条件具有明显过渡性特征，气候冷凉，降水偏少，水资源短缺，草原辽阔，耕地、林地相对偏少，农业以畜牧业为主，强调农牧结合。在现有农业结构中，经济作物仅占22.9%，粮食和饲料作物占77.1%。

结构调整方向：以草定畜，加快优质人工饲草料发展，扩大植被覆盖，改善生态环境。扩大马铃薯、谷子、高粱等耐旱粮食作物和人工牧草种植，提倡休闲轮作制。预计，到2025年粮经饲（草）作物种植面积比例将达到40.7∶22.7∶36.6；2030年将达到38.4∶22.6∶39.0。

（9）青藏高原区

青藏高原区包括青海、西藏。该区位于有"世界屋脊"之称的青藏高原上，地势较高，大部分地区海拔在3 000～5 000m。受温度影响，种植业主要分布在4 700m以下地区。地广人稀，光照资源丰富，但热量不足。土地利用结构以草原为主，耕地数量少但分布较为集中。农业以畜牧业为主，生产经营方式较为粗放，人均粮食占有量低。该区农林牧业都具有高寒地区的共同特点，耐寒能力较强。在种植业结构中，青稞、小麦、豆类、油菜面积最大。2015年粮经饲作物种植面积比例为42.8∶34.8∶22.4。

结构调整方向：突出国家安全、生态屏障和民族文化传承功能，改造传统农业，发展粮、饲、草兼顾型农业，推进农牧结合。应发挥高寒地区的资源优势，逐步提高粮食（青稞）自给水平，同时注意农牧结合，在农区种植牧草；在保证畜牧业发展和生态安全的基础上，充分利用高原地区野生动植物资源，发展高原特色农业。预计2025年粮经饲作物播种面积比例将达到38.7∶33.8∶27.5；2030年粮经饲作物播种面积比例将达到36.5∶33.2∶30.3。

三、畜牧业结构优化方案

（一）畜产品未来安全需求

1．猪肉

猪肉是中国最主要的肉类品种。长期以来，我国猪肉的生产与需求基本处于平衡状态，"十二五"期间我国猪肉进口量仅占消费量的1%左右，我国猪肉消费主要靠国内供应。2015年我国猪肉产量5 460万t，猪肉消费量5 545万t。随着我国经济发展进入新常态，受人口老龄化的影响，我国猪肉消费量增速将放缓。"十二五"期间中国猪肉产量年均增长1.6%，较"十一五"时期增速下降0.6个百分点，生猪出栏年均增长1.2%，较"十一五"时期增速下降0.8个百分点。其中，2011年和2015年猪肉产量同比分别减少0.2%和3.3%。

预计未来我国猪肉消费量将稳中有增。2020年我国猪肉消费量将达到5 880万t。"十四五"期间，受人口增加和收入提高等因素影响，猪肉消费增速加快，供需略偏紧，进口规模扩大。2025年猪肉消费量达到6 320万t。2030年前后我国猪肉消费量将达到高峰（6 550万t）。

2．禽肉

禽肉是中国第二大消费肉类，占肉类总消费的20%以上。2015年我国禽肉产量1 826万t，同比增加4.3%；进口量40.88万t，同比减少13.3%；人均占有量13.2kg，同比增加3.1%。2000年以来，我国禽肉生产规模化、标准化、专业化程度不断提升，产量稳步增加，年均增长2.0%；禽肉进出口先增后减，累计净出口2.80万t；随着人口增长和城镇化发展，禽肉消费稳步增加，人均占有量年均增长1.3%。禽肉饲料转化率高，从品质来说属于对人体健康比较有利的白肉，家禽粪便处理成本低，是未来我国畜牧业发展的重点。

预计到2020年禽肉消费量1 961万t。2025年产量将达到2 124万t，人均占有量15.0kg，到2030年我国禽肉将达到2 230万t。我国禽肉进出口总量将保持基本平衡，进口禽肉及其杂碎，出口加工禽肉，年进出口量基本维持在50万～100万t。

3．牛羊肉

中国是牛羊肉生产大国，牛肉和羊肉产量分别居世界第三位和第一位。2015年，牛肉和羊肉产量分别为700万t、441万t，较2014年分别增长1.6%、2.9%，呈现稳步增长势头；牛肉价格稳定，羊肉价格回落；牛肉进口增幅较大，羊肉进口下降。"十二五"以来，牛羊肉生产稳步增长，需求增速放缓，牛肉价格高位趋稳，羊肉价格高位震荡，牛肉进口持续增加，羊肉进口连增后下降。2016年，牛肉产量715万t，同比增长2.2%，羊肉440万t，基本保持稳定，由于国内羊肉市场近两年受损，产量比2015年小幅下调。"十三五"期间，我国将大力发展草食畜牧业，牛羊肉科技支撑力度不断加大，产量有望稳步增长，预计2020年牛肉和羊肉产量分别为785万t、510万t。"十四五"期间，牛羊肉综合生产能力继续提升，预计2025年牛肉和羊肉产量分别为850万t、560万t，进口量分别为105万t、30万t。

规模化程度提高，产量稳步增加。随着生产扶持力度的不断加大，2016年牛肉产量继续稳步增加，同比增长2.2%；由于2015年羊肉价格下跌，养羊户不同程度亏损，导致部分养殖户退出，预计羊肉产量将停滞甚至减少。"十三五"期间，我国将深入推进农业供给侧结构性改革，大力发展草食畜牧业，形成粮草兼顾、农牧结合、循环发展的新型种养结构，牛羊肉科技支撑力度不断加大，产量有望稳步增长，预计2020年牛肉和羊肉产量较2015年分别增长12.1%、15.6%。"十四五"期间，随着草食畜牧业生产方式的加快转变以及多种形式新型经营主体的进一步发展，我国牛肉和羊肉产量将继续稳步增长，预计2025年分别为850万t、560万t，较2020年分别增长8.3%、9.8%。

消费继续增加，品质需求提升。受人口增长和城乡居民肉类消费结构及消费偏好变化的影响，2016年牛肉消费量为768万t，同比增长2.8%，羊肉消费量为463万t，保持稳定。"十三五"期间，随着居民收入水平的提高和城镇化步伐的加快，牛羊肉消费持续增长，到2020年，牛肉和羊肉消费量分别为860万t、535万t，较2015年增长15.1%、15.6%，年均增长率均为2.9%。"十四五"期间，随着生产方式转变，产业升级加快，高品质牛羊肉产品的供应将逐渐满足居民需求的升级，到2025年，牛肉、羊肉消费量分别为954万t、590万t，较2020年分别增长11.0%、10.3%。考虑到2030年前后我国人口将达到高峰后开始减少，国外进口潜力不大，2030年我国牛肉和羊肉消费量将分别为1 000万t和620万t，牛肉和羊肉进口量将分别达到150万t和60万t。

4．禽蛋

禽蛋是中国居民日常生活必需品，是重要的菜篮子产品。近30年来我国禽蛋产业取得了巨大成就，产量年均增长7.8%，产量位居世界第一，占世界禽蛋总量的40%左右。2015年，在饲料成本降低、养殖效益尚可、疫病风险管控好等有利因素作用下，禽蛋产量增长明显，达到2 999.00万t；消费量2 985.10万t，同比增长3.2%。

随着供给侧结构性改革的深入，畜禽养殖结构不断优化升级，规模化、标准化、生态化的产业格局将逐步形成，我国禽蛋生产稳步发展，产量继续稳步增加；同时在全面小康社会建成以及城镇化水平明显提升的拉动下，居民食物消费水平明显提升；预计2020年禽蛋产量和消费量分别为3 142.66万t和3 132.81万t，比2015年分别增长4.8%和4.9%。2020—2030年，在养殖技术进步、品种明显改良、重大畜禽疫病不出现等条件下，禽蛋生产将保持增长态势，同期居民消费水平大幅提升，预计2025年产量和消费量分别为3 291.35万t和3 278.65万t，2030年我国禽蛋年产量和消费量分别为3 357.17万t和3 344.22万t。禽蛋出口量保持在15万t左右。

5．奶制品

中国是世界奶制品第三大生产国、第一大进口国。2015年，我国奶制品产量达到3 890万t，同比增加1.0%，约占世界产量的5.0%；消费量5 010万t，同比减少3.2%；进口奶制品161万t（折合原料奶1 110万t），同比下降11.1%，进口量约占世界总贸易量的15.6%。

在生产方面，随着农业结构性改革的深入、"粮改饲"的推进以及优质畜牧饲（草）料的发展，我国奶业将在徘徊中趋于稳定，2020年将达到4 200万t，比2015年增长8.0%。2020年后，伴随奶业转型升级和现代奶业产业体系的建立，2025年奶制品产量将达到4 500万t，受"走出去"战略的影响，2030年国内奶制品产量将稳定在4 500万t左右。

在消费方面，伴随城乡居民生活水平提高、城镇化推进、全面二孩政策放开和学生饮用奶计划的推广，我国奶制品消费将保持快速增长态势，预计2020年将达到5 758万t，比2015年增长14.9%。展望后期，受消费结构升级和消费品质提升影响，2025年将达到6 320万t，2030年将达到6 636万t。

2016年，奶制品进口量（折鲜量）为1 295万t，同比增长16.6%。受需求提升和内

外价差的双重驱动，我国奶制品进口仍将增加，2020年将达到1 588万t，比2015年增长43.1%，2025年达到1 880万t，比2015年增长69.4%。其中鲜奶、乳酪和奶粉预计成为进口增长较快的奶制品。

（二）基于种养协调的畜禽养殖业空间布局方案

在测算耕地消纳粪便能力和各区域畜禽养殖规模上限的基础上，制定促进种养协调发展的各地区畜禽养殖业空间布局调整方案。

1．测算方法与参数

（1）畜禽粪便耕地负荷量估算及预警估算

畜禽粪便耕地负荷量是指耕地消纳畜禽粪便的处理程度。由于畜禽粪便肥效养分差异较大，耕地对不同粪便的消纳量有较大差异。依据环境保护部生态司建议，农户对猪粪的耕地施用量较容易掌握，故宜将畜禽粪便换算成猪粪当量。根据各畜禽粪便对应的猪粪当量换算系数不同，将其统一换算成猪粪当量后叠加求和，其计算公式如下：

$$q=\frac{Q}{S}=\sum\frac{XT}{S}$$

式中，q 为单位耕地面积畜禽粪便猪粪当量负荷量，t/（hm²·年）；Q 为各类畜禽粪便猪粪当量产生量，t/年；S 为计算年份有效耕地面积，hm²；X 为各类畜禽粪便量，t/年；T 为各类畜禽粪便换算成猪粪当量的换算系数。

对于畜禽粪便耕地承载力预警程度先采用畜禽粪便猪粪当量负荷警报值来分级，再根据具体区域做出科学分析与合理评价。本书采用以下思路来计算表征耕地畜禽粪便预警：

分区畜禽粪便负荷量警报值＝单位耕地面积畜禽粪便猪粪当量负荷／耕地理论最大适宜粪便承载量

研究表明，区域畜禽粪便负荷量警报值与环境承受程度呈反比，即随着数值的增大，环境对畜禽粪便的承受能力逐渐降低，从而使得畜禽粪便对环境造成的污染威胁性越大，若高出这一水平就会引起土壤富营养化，从而对环境产生影响。本书所采用的畜禽粪便耕地理论最大适宜粪便承载量以40t/（hm²·年）作为耕地理论最大适宜粪便承载量，通过对全国各分区耕地负荷警报值的计算并参照畜禽粪便负荷警报分级方法

（表5-9），来分析全国各分区畜禽粪便对环境造成的压力及潜在影响。

表5-9　畜禽粪便负荷警报分级

警报值	<0.4	0.4~0.7	0.7~1.0	1.0~1.5	1.5~2.5	>2.5
分级级数	I	II	III	IV	V	VI
对环境的威胁性	无	稍有	有	较严重	严重	很严重

（2）参数确定

将猪、牛、羊和家禽的存栏量畜禽养殖量看作当年中相对稳定的饲养量，采用存栏量、饲养周期与日排泄系数计算粪便产生量。本书所用的各类畜种粪便日排泄系数、猪粪当量系数均采用环境保护部公布的数据（表5-10）。

表5-10　各类畜种粪便日排泄系数及粪便猪粪当量系数

指标	牛粪	牛尿	猪粪	猪尿	羊粪	家禽粪
日排泄系数（kg/d）	20	10	2	3.3	2.6	0.125
N含量（%）	0.45	0.8	0.65	0.33	0.8	1.37
猪粪当量换算系数	0.69	1.23	1.00	0.51	1.23	2.11

（3）畜禽粪便年产生量估算

依据畜禽数量、饲养周期和饲养周期内不同种类畜禽的排泄系数，采用以下方法计算畜禽粪便年产生量：

各类畜禽粪便年产生量＝畜禽存栏量×饲养周期×各类粪便排泄系数/1000

一般情况下，猪、牛、羊和家禽的平均饲养周期分别为199d、365d、365d和210d。

2．数据来源

将猪、牛、羊和家禽看作全国畜禽养殖的主要畜禽种类，由于部分区、市缺乏对养殖数量较少的其他畜禽种类的相关统计，因此以这4种畜禽种类为研究对象进行计算。各类畜禽存、出栏量及耕地面积数据来源于《中国统计年鉴2014》，各类畜禽参数来源于《全国规模化畜禽养殖业污染情况调查及其防治对策》，分级标准来源于上海市农业科学研究院1994年《家畜粪便耕地负荷分级标准研究》。

3. 结果分析与评价

(1) 总体分析

根据上述计算方法，对全国各省（自治区、直辖市）的畜禽粪便产生量及耕地负荷分区域进行计算，分别得到了各分区的单位耕地面积猪粪当量负荷平均值和各单位耕地面积猪粪当量负荷警报值平均值，如表5–11所示。依据计算结果，得到全国畜禽粪便单位耕地面积猪粪当量负荷总平均值为12.88，单位耕地面积猪粪当量负荷警报值总平均值为0.32，总体级别为 I 级，表明现阶段畜禽粪便的排放对全国整体环境无影响。华北区、华南区的单位耕地面积猪粪当量负荷警报值等级为 II 级，对环境稍有影响，而其他区域对环境无威胁。

表5–11　全国分区畜禽粪便规模调整方案

单位：t/hm², 万头

序号	名称	单位耕地面积猪粪当量负荷平均值	单位耕地面积猪粪当量负荷警报值平均值	单位耕地面积猪粪当量负荷警报值等级	养殖规模调整量（猪当量增减数量）
1	东北区	8.14	0.20	I	+25 345.2
2	华北区	17.22	0.43	II	−2 854.6
3	长江中下游区	13.62	0.34	I	+6 122.3
4	华南区	19.17	0.48	II	−2 975.0
5	西南区	15.40	0.39	I	+1 276.2
6	黄土高原区	8.34	0.21	I	+9 410.5
7	西北绿洲灌溉农业区	8.60	0.21	I	+3 269.3
8	内蒙古中部区	9.61	0.24	I	+1 296.5
	全国	12.88	0.32	I	+40 890.4

注：＋号表示增加；－号表示减少。

(2) 畜种结构、单位耕地面积猪粪当量负荷警报值及其等级分析

分区域如表5–12所示，东北区单位耕地面积猪粪当量负荷警报值平均值为0.20，其单位耕地面积猪粪当量负荷警报值等级为 I 级，整体对环境无威胁；华北区中北京市单位耕地面积猪粪当量负荷警报值等级达到 IV 级，对环境产生较严重的影响，其主要原因是北京有效耕地面积少，但猪和家禽的养殖量较大，畜禽粪便年产生量较多，对环境的负荷和压力就较大。河南省是农业大省，其主要畜种为猪、牛和羊，单位耕地面积

表5-12　全国分省畜种粪便规模调整方案

分区	省份	畜种粪便量（存栏量）				猪粪当量 总量（万t）	耕地 保有量（万hm²）	单位耕地面积猪粪当量负荷（t/hm²）	单位耕地面积猪粪当量负荷警报值	单位耕地面积猪粪当量负荷等级	粪便规模调整量（猪当量增减数量，万头）
		猪（万头）	牛（万头）	羊（万只）	家禽（万只）						
东北区	辽宁	1 457.5	384.6	908.7	44 726.9	7 692.4	460.1	16.72	0.42	II	-351.8
	吉林	972.4	450.7	452.9	16 527.1	5 407.7	606.7	8.91	0.22	I	+4 578.0
	黑龙江	1 314.1	510.7	895.7	14 546.1	6 358.2	1 387.1	4.58	0.11	I	+16 863.6
	内蒙古东四盟	495.2	409.5	2 421.2	388.7	5 207.2	575.2	9.05	0.23	I	+4 255.4
华北区	北京	165.6	17.5	69.4	2 128.4	472.5	11.1	42.68	1.07	IV	-314.5
	天津	196.9	29.3	48.0	2 793.2	608.0	33.4	18.20	0.46	II	-78.3
	河北	1 865.7	412.5	1 450.1	37 804.7	8 238.9	605.3	13.61	0.34	I	+1 540.3
	山东	2 849.6	503.6	2 235.7	61 327.6	11 997.3	752.5	15.94	0.40	I	+46.0
	河南	4 376.0	934.0	1 926.0	70 020.0	16 638.7	802.3	20.74	0.52	II	-404 8.1
长江中下游区	上海	143.9	5.9	30.5	955.4	263.8	18.8	14.03	0.35	I	+39.4
	江苏	1 780.3	30.7	417.5	30 599.6	4 278.1	456.9	9.36	0.23	I	+3 228.6
	浙江	730.2	15.0	113.4	7 518.2	1 384.7	187.9	7.37	0.18	I	+1 726.4
	安徽	1 539.4	164.6	688.3	23 860.0	4 714.4	582.4	8.09	0.20	I	+4 902.8
	江西	1 693.3	313.3	58.2	22 032.1	5 214.3	292.7	17.81	0.45	II	-565.1
	湖北	2 497.1	361.3	465.7	35 098.4	7 502.6	482.9	15.54	0.39	I	+237.8
	湖南	4 079.4	471.7	546.1	32 105.8	9 590.5	397.1	24.15	0.60	II	-3 447.5

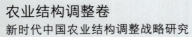

（续）

分区	省份	畜种粪便量（存栏量）				猪粪当量总量（万t）	耕地保有量（万hm²）	单位耕地面积猪粪当量负荷（t/hm²）	单位耕地面积猪粪当量负荷警报值	单位耕地面积猪粪当量负荷等级	粪便规模调整（猪当量增减数量，万头）
		猪（万头）	牛（万头）	羊（万只）	家禽（万只）						
华南区	福建	1 066.2	67.3	127.7	11 048.7	2 299.1	126.3	18.20	0.45	II	−295.8
	广东	2 135.9	242.3	41.5	32 457.5	5 843.7	247.9	23.57	0.59	II	−1 998.6
	广西	2 303.7	445.9	202.6	31 330.4	7 417.6	436.4	17.00	0.42	II	−463.4
	海南	401.1	84.2	66.7	5 253.7	1 347.5	71.5	18.85	0.47	II	−217.2
西南区	四川	4 753.2	574.2	1 576.4	39 496.1	12 247.9	614.9	19.92	0.50	II	−2 566.4
	重庆	1 450.4	148.6	225.6	13 678.9	3 460.2	584.5	5.92	0.15	I	+6 274.6
	云南	2 625.3	756.8	1 057.4	12 498.1	9 228.3	419.1	22.02	0.55	II	−2 686.9
	贵州	1 559.0	536.0	354.7	8 402.8	5 901.3	383.8	15.38	0.38	I	+255.0
黄土高原区	山西	485.9	101.1	1 001.5	8 857.7	2 546.9	360.9	7.06	0.18	I	+3 437.4
	陕西	846.0	146.8	701.9	6 733.6	2 802.6	63.9	43.86	1.10	IV	−189 5.7
	宁夏	33.9	44.7	145.4	0	449.4	299.4	1.50	0.04	I	+4 622.7
	甘肃中东部	467.6	363.2	937.2	2 659.5	3 811.4	428.7	8.89	0.22	I	+3 246.1
西北绿洲灌溉农业区	新疆	294.5	396.9	3 995.7	5 080.8	618.6	105.0	5.89	0.15	I	+1 130.3
	内蒙古	97.9	38.5	148.4	291.9	490.2	41.5	11.81	0.30	I	+185.1
	宁夏	28.4	34.3	289.5	0	492.6	68.3	7.21	0.18	I	+639.2
	甘肃河西走廊	195.3	133.9	973.0	1 314.9	1 962.2	199.8	9.82	0.25	I	+1 314.7
内蒙古中部区		102.0	237.5	133.4	597.7	1 832.1	190.6	9.61	0.24	I	+1 296.5

注：＋号表示增加；－号表示减少。

猪粪当量负荷警报值等级达到Ⅱ级，对环境稍有影响。天津市主要养殖猪和家禽，其中家禽养殖量最大，计算得到该市畜禽粪便对环境稍有影响，在后期管理与规划中应该削减家禽的养殖量或将部分家禽运往还有养殖容量的地区养殖，从而减少对环境的压力。

4．调整方案

从我国畜禽粪便耕地负荷量测算结果来看，各区结果差异较大，有的已经超过了最高负荷。本书以畜禽粪便猪粪当量耕地负荷16t/hm²作为标准计算，畜禽粪便中的氮损失按照30%计算，各区需要调增或调减的畜禽养殖规模测算结果分别如表5-11和表5-12所示。

计算结果显示：华南区需要调减的量最大，需要调减2 975.0万头猪当量；可增加量最大的区域为东北区，增加量为25 345.2万头猪当量。从分省情况来看，需要调减畜禽养殖规模的有：北京、天津、辽宁、河南、江西、湖南、福建、广东、广西、海南、四川、云南和陕西；其余省份（自治区、直辖市）有增加潜力，畜禽养殖量可增加量最大的省份是黑龙江，数量为16 863.6万头猪当量。

（三）畜牧业结构调整方案

1．畜牧业结构调整的总体目标

构建与资源、环境和市场需求相适应的畜禽产业结构，根据资源与环境承载力确定我国肉蛋奶的生产规模，大力发展家禽、草食畜等节粮型畜牧业，适度从国外进口，满足国内供应不足和居民多样化的市场需求。优化我国畜禽养殖业区域布局，推动我国畜禽养殖业从环境承载力弱的区域向环境承载力强的区域转移，大力推动种养结合，促进种植和养殖主体结合、种植区域和养殖区域结合。优化产品结构，积极推广标准化健康养殖方式，加强科技创新，降本增效，不断提高畜禽养殖业发展水平。到2030年，我国猪肉、禽肉、牛肉、羊肉、禽蛋和奶类产量分别达到6 095万t、2 313万t、972万t、653万t、3 357万t和4 700万t。

2．畜牧业调整方案

（1）产品结构调整方案

资源、环境是我国畜禽养殖业结构调整需要考虑的重要因素。牧区牛羊肉生产受草畜平衡的制约产量可能进一步调减，农区草食畜牧业具有一定发展空间，但发展潜力不大，主要原因：一是比较效益不如猪和禽，二是中澳、中新自贸区签订之后的进口产品

大量输入会影响国内产业发展。因此，猪和禽将是未来我国发展的重点，应稳定生猪生产，扩大肉鸡生产，大力发展肉牛、奶牛、肉羊等草食畜的生产。

表5-13　全国畜禽产品结构调整方案

单位：万t，%

品种	现状（2015年）		2025年		2030年	
	产量	比重	产量	比重	产量	比重
肉类	8 453	100.0	9 605	100.0	10 033	100.0
猪肉	5 487	64.9	5 962	62.1	6 095	60.8
牛肉	700	8.3	892	9.3	972	9.7
羊肉	441	5.2	590	6.1	653	6.5
禽肉	1 826	21.6	2 162	22.5	2 313	23.1
奶类	3 870	100.0	4 500	100.0	4 700	100.0
禽蛋	2 999	100.0	3 291	100.0	3 357	100.0

（2）区域调整方案

根据我国区域环境承载力情况，2013年全国各地市级畜禽养殖业环境风险评价及调整情况测算结果如表5-14所示，根据测算结果提出我国畜禽养殖业优化调整方案如下：京广、京哈铁路沿线，南方水网地区调减畜禽养殖规模；黄淮海地区优化内部区域布局，其中山东需要调减西部地区养殖总量；推动京哈铁路沿线畜禽养殖向腹地转移，京广铁路沿线畜禽养殖密集区向京九铁路沿线转移。

表5-14　2013年全国各地市级畜禽养殖业环境风险评价及调整方案

数量	地级市名称	畜禽粪便耕地负荷对应等级	对环境威胁性	调整方案
1	潍坊市	VI	很严重	调减养殖规模
16	德州市、曲靖市、重庆市、石家庄市、菏泽市、徐州市、济宁市、南阳市、哈尔滨市、临沂市、驻马店市、永州市、红河哈尼族彝族自治州、玉林市、文山壮族苗族自治州　南宁市	V	严重	调减养殖规模
39	盐城市、邯郸市、唐山市、聊城市、常德市、大理白族自治州、赣州市、青岛市、滨州市、喀什地区、衡阳市、铁岭市、邵阳市、茂名市、沈阳市、吉安市、襄阳市、承德市、商丘市、沧州市、齐齐哈尔市、桂林市、达州市、黄冈市、保定市、济南市、昆明市、周口市、玉树藏族自治州、泰安市、遵义市、宜春市、日喀则地区、楚雄彝族自治州、湛江市、南充市、锦州市、朝阳市、保山市	IV	较严重	调减养殖规模

（续）

数量	地级市名称	畜禽粪便耕地负荷对应等级	对环境威胁性	调整方案
40	岳阳市、昭通市、烟台市、张家口市、南通市、毕节市、成都市、绵阳市、海南藏族自治州、怀化市、衡水市、平顶山市、临沧市、普洱市、百色市、乌兰察布市、张掖市、云浮市、开封市、郴州市、肇庆市、呼和浩特市、佳木斯市、信阳市、娄底市、抚州市、钦州市、益阳市、东营市、廊坊市、河池市、恩施土家族苗族自治州、榆林市、宜宾市、巴中市、昌吉回族自治州、邢台市、洛阳市、贵港市、阿克苏地区	III	有	优化内部区域布局
67	黔东南苗族侗族自治州、果洛藏族自治州、许昌市、海北藏族自治州、宿迁市、黔南布依族苗族自治州、铜仁市、枣庄市、阜新市、德阳市、泸州市、新乡市、和田地区、平凉市、宜昌市、孝感市、南昌市、秦皇岛市、淮安市、玉溪市、黔西南布依族苗族自治州、包头市、资阳市、柳州市、丽江市、大连市、上饶市、江门市、拉萨市、十堰市、广元市、株洲市、梅州市、嘉兴市、大庆市、日照市、黄南藏族自治州、宿州市、广安市、酒泉市、淄博市、双鸭山市、安顺市、庆阳市、咸阳市、荆门市、乐山市、黑河市、牡丹江市、来宾市、阜阳市、佛山市、山南地区、清远市、宝鸡市、杭州市、衢州市、眉山市、长春市、遂宁市、湘潭市、安阳市、内江市、葫芦岛市、巴音郭楞蒙古自治州、威海市、固原市	II	稍有	优化内部区域布局
119	随州市、三门峡市、连云港市、定西市、荆州市、郑州市、忻州市、崇左市、湘西土家族苗族自治州、陇南市、鞍山市、临夏回族自治州、濮阳市、惠州市、海东市、自贡市、六盘水市、泰州市、吕梁市、梧州市、漯河市、天水市、焦作市、海西蒙古族藏族自治州、贺州市、四平市、晋中市、渭南市、运城市、朔州市、金华市、阳江市、大同市、常州市、林芝地区、揭阳市、河源市、九江市、亳州市、北海市、扬州市、韶关市、白银市、咸宁市、安康市、六安市、德宏傣族景颇族自治州、汉中市、西双版纳傣族自治州、汕尾市、临汾市、雅安市、绍兴市、迪庆藏族自治州、张家界市、滁州市、萍乡市、怒江傈僳族自治州、丹东市、中卫市、吉林市、苏州市、长治市、晋城市、蚌埠市、汕头市、鹰潭市、合肥市、鸡西市、安庆市、延安市、抚顺市、攀枝花市、莱芜市、本溪市、黄石市、无锡市、防城港市、丽水市、新余市、商洛市、鹤壁市、镇江市、吐鲁番地区、伊春市、乌鲁木齐市、潮州市、太原市、辽阳市、鄂州市、石嘴山市、景德镇市、台州市、盘锦市、七台河市、铜川市、济源市、宣城市、淮北市、珠海市、中山市、通化市、黄山市、芜湖市、鹤岗市、池州市、大兴安岭地区、淮南市、辽源市、东莞市、延边朝鲜族自治州、阳泉市、马鞍山市、舟山市、乌海市、白山市、克拉玛依市、嘉峪关市、铜陵市	I	无	重点发展区
9	福州市、龙岩市、南平市、宁德市、莆田市、泉州市、三明市、厦门市、漳州市	—	—	缺少数据

3．分品种产业结构调整方案

（1）生猪

生猪产业是我国畜禽养殖业中最重要的组成部分，猪肉也是我国最重要的畜禽产品，生猪养殖业调整需要综合考虑环境承载力、资源禀赋、消费偏好和屠宰加工等各种因素，充分发挥区域比较优势，分类推进重点发展区、约束发展区、潜力增长区和适度发展区的建设，促进生猪生产与资源环境和市场协调发展。

河北、山东、重庆、广西、海南5省是重点发展区，该区域是我国生猪生产的核心区，其重点任务是依托现有发展基础，加快转型升级，提高规模化、标准化、产业化和信息化水平，加强畜禽粪便综合利用，完善良种繁育体系，加大屠宰加工能力，冷链物流配送体系建设，推进"就近屠宰、冷链配送"经营方式，提高综合生产能力和市场竞争力；开发利用地方品种资源，打造地方特色生猪养殖。

京、津、沪等大城市郊区和江苏、浙江、福建、安徽、江西、湖北、湖南、广东等南方水网地区是约束发展区。该区域受资源环境条件限制，未来需要保持养殖总量稳定。京津沪地区养殖量虽然小，但是规模化程度、生产水平处于全国前列，主要任务是：稳定现有生产规模，优化生猪养殖布局，加强生猪育种能力建设；推行沼气工程、种养一体化等生猪养殖综合利用模式，提高集约化生猪养殖水平和猪肉质量安全水平。南方水网地区重点要调整优化区域布局，超载地区要加快退出生猪养殖，推行生猪适度规模化养殖，提升设施装备水平；压缩生猪屠宰企业数量，淘汰落后屠宰产能，推动生猪规模化、标准化屠宰，提升屠宰设施设备水平；推行经济高效的生猪粪便处理利用模式，促进粪便综合利用。

东北四省区（辽宁、吉林、黑龙江和内蒙古）和云南、贵州两省是潜力增长区，该区域在环境承载力、饲料资源、地方品种资源等方面都具有优势，是未来我国生猪养殖业发展的重点区域。目前已经有一批大型养殖企业在东北地区建设了生产和加工基地，该区域应重点建设一批高标准种养结合养殖基地，做大做强屠宰加工龙头企业，提升肉品冷链物流配送能力，实现加销对接。

山西、陕西、甘肃、新疆、西藏、青海、宁夏等西部省份是适度发展区，该地区地域辽阔，土地和农副产品资源丰富，优质玉米供应充足，农牧结合条件好，但是水资源短缺，市场规模小，该区域重点要推进适度规模养殖和标准化屠宰，大力发展农牧结合，发展生态养殖，突出区域特色，打造知名品牌，发展优质高端特色生猪产业。

（2）肉牛

巩固发展中原产区，稳步发展东北产区，优化发展西部产区，积极发展南方产区，保护发展北方牧区。加快推进肉牛品种改良，大力发展标准化规模养殖，强化产品质量安全监管，提高产品品质和养殖效益，充分开发利用草原地区、丘陵山区和南方草山草坡资源，稳步提高基础母牛存栏量，着力保障肉牛基础生产能力，做大做强肉牛屠宰加工龙头企业，提升肉品冷链物流配送能力，实现产加销对接，提高牛肉供应保障能力和质量安全水平。

（3）肉羊

巩固发展中原产区和中东部农牧交错区，优化发展西部产区，积极发展南方产区，保护发展北方牧区。积极推进标准化规模养殖，不断提升肉羊养殖良种化水平，提升肉羊个体生产能力，大力发展舍饲半舍饲养殖方式，加强棚圈等饲养设施建设，做大做强肉羊屠宰加工龙头企业，提升肉品冷链物流配送能力，实现产加销对接，提高羊肉供应保障能力和质量安全水平。

（4）奶牛

巩固发展东北、内蒙古和华北产区；稳步发展西部产区；积极开发南方产区，充分利用南方冬闲田、草山草坡的草地资源，发展草地畜牧业；稳定大城市周边产区。重点推进品种改良和生产性能测定，提升荷斯坦牛单产水平，因地制宜发展乳肉兼用牛。强化规模养殖场疫病净化；加快发展全株青贮玉米及优质苜蓿高效生产，推进种养结合与农牧循环；引导奶业企业与奶农建立紧密的利益联结机制，引导乳品企业投资奶源基地建设，加快奶业一体化发展。

（5）家禽

重点发展华北和长江中下游地区，适度发展城市周边产区。根据市场需要和区域环境承载力发展城市周边家禽养殖，提升家禽养殖规模化水平，降低生产成本，提高疾病防控能力。

四、产业结构优化方案

（一）大力发展农产品加工业

农产品加工业落后直接影响到农产品增值和农民收入。2015年全国规模以上农产品加工业企业主营业务收入达到19.36万亿元，农产品加工业与农业总产值比为2.2∶1。总

的来看，我国农产品加工业仍然处于初级发展阶段，融合程度低、层次浅，附加值不高，具体表现在：一是农产品加工业总体能力与国外仍存在较大差距；二是缺乏适宜加工的农产品品种，专用加工原料基地建设滞后；三是农产品加工业的产品仍以初级加工品为主，产业链条短，副产物利用率低，加工增值能力尚有待提高；四是产地初加工水平低；五是主产区加工业落后；六是从农业服务业来看，存在服务档次低、效率低的问题。

扩大农产品加工业规模，提升发展技术含量，延长产业链条，满足城乡居民对健康、安全、优质食品的需求。争取2025年农产品加工业与农业总产值比达到2.7∶1，2030年提高到3.0∶1。主要途径是：积极引入"互联网+"和"工业4.0"思维，创新农产品加工生产模式和经营模式；加大农产品现代加工技术研究；鼓励副产品精深加工，提高综合利用率；加强加工专用型农产品研发和基地建设；完善农产品加工标准体系建设，提升产品质量。

（二）推进设施农业发展

设施农业是一种受气候影响小，对土地依赖相对较弱，产量高、品质易于控制、经济效益高的现代农业，受到世界各国的高度重视。尤其是在人均资源相对不足的国家，如荷兰、以色列和日本等国，设施农业成为发展现代农业的重要途径。我国人均资源少，保障食物安全的压力巨大，因此应发展设施农业，拓展农业空间，改变传统的露地农业为露地农业和设施农业并举的农业发展方式。

截至2015年底，我国设施园艺面积已达410.9万hm²，总产值9 800多亿元，并创造了4 000多万个就业岗位；设施畜禽养殖比重不断提升，总产值达12 000亿元以上；设施水产养殖规模分别达193万hm²（深水网箱养殖）和3 748万m³（工厂化养殖），总产值达1 283亿元。设施农业以占全国不到5%的耕地获得了39.2%的农业总产值，在农业现代化进程中起到了举足轻重的作用。

我国设施农业取得了重要的技术进展，但与荷兰、以色列、日本、美国等发达国家相比，仍有较大差距。具体表现为：一是设施结构简陋、环控水平低。目前，我国90%以上的设施仍为简易型结构，单体规模小、环控水平低、抗灾能力弱，适宜于我国的大型化连栋温室、集约化养殖设施结构以及轻简化、装配化、智能化环境调控等关键技术亟待突破。二是机械化水平低、劳动生产率不高。设施农业机械化率仅为30%左右，人均管理面积仅为荷兰的1/4。三是产量低、生产效率不高。与发达国家相比，我国设施动植物产量仍较低，生猪出栏率低40%、奶牛单产低50%以上；番茄、黄瓜产量为

$10 \sim 30 kg/m^2$，仅为荷兰水平的$1/4 \sim 1/3$；水肥利用效率仅为荷兰水平的$1/3 \sim 1/2$。

设施农业发展总的趋势是向智能化、工厂化、节能化、高效化的方向发展。我国设施农业加快发展的主要途径：一是，加强对设施农业科技创新的支持力度。重点突破设施光热动力学过程模拟、作物环境与营养响应机制、畜禽环境生物学机理及调控机制、养殖鱼类与水体环境互作机制等基础性难题，以及温室结构大型化、全程机械化和智慧垂直植物工厂技术，福利化健康养殖设施优化、机械化饲养管理与粪污处理技术，水产工厂化养殖水处理与智能化管控等一批重大关键技术，显著提升我国设施农业科技支撑能力。二是，加大对设施农业专业人才的培养。我国设施农业从业人员绝大多数都是兼业农民，文化水平低、管理经验欠缺，产量与效益难以保障。国家应从战略层面出发，着力培养一批设施农业的职业农民、具有国际化视野的创新人才和国际化产业开拓人才。

（三）有序发展休闲观光农业

休闲观光农业作为一种新产业、新业态，在推动农业增效、农民增收、农村增绿方面，越来越展现出独特的产业优势和发展潜力，是推进农业供给侧结构性改革的有效路径。到2016年，全国的农家乐约200万家，全国休闲观光农业和乡村旅游示范县（市、区）、美丽休闲乡村分别达到328个和370个，全国休闲观光农业和乡村旅游年接待游客超过21亿人次，营业收入超过5 700亿元，从业人员845万人，带动672万户农民受益。

目前，我国休闲观光农业仍存在一些问题：一是过分关注眼前利益和局部利益；二是发展模式同质化，产品缺乏特色，恶性竞争现象普遍，缺乏发展动力，农民就业增收缺乏后劲；三是人力资本匮乏，经营管理落后；四是科技含量较低，产业融合度差；五是标准体系不健全，资金投入和监管力量不足。

休闲观光农业有序发展途径：一是以农为主，充分体现"农"性特征。休闲观光农业要始终坚持以农业为基础、农村为载体、农民就业增收为目标的发展思路。立足"农"做强六次产业，围绕"农"提升产品质量，依托"农"创立金字招牌。二是立足本地，发挥农民的市场主体地位。三是延长产业链，拓宽休闲观光农业产业发展空间。以创意农业为手段，将农业文化资源与种养加、产加销充分结合，在浓厚的乡土文化气息中融入现代农业高科技元素，以提高休闲观光农业产业附加值，拓展盈利空间。四是农业发展模式特色化，培育多元消费群体。除了休闲观光农业及乡村旅游，我国还在开展国家农业公园、特色小镇、国家农业产业园、农业文化遗产、特色农产品优势区等多种形式的乡村发展建设。

第六章

促进农业结构优化的政策建议

一、发达国家和地区农业结构调整政策

（一）美国

1．农业结构调整的历史演进

第一阶段：完成了由农业大国向工业大国的过渡。自美国独立至1900年，由于英国的殖民政策，在美国整个产业中，农业始终占据第一位，比重远大于第二产业。同时，农业产业内部种植业与畜牧业并重（各占50%）。为进一步摆脱英国的殖民影响，20世纪初，美国开始制定相关政策法规，特别是对农产品加工工业加大扶持，进一步提升了工业的比重，初步完成了从农业国家向工业国家的过渡和转变。

第二阶段：农产品商品率不断提高。1900年至第二次世界大战期间，随着农产品加工工业的发展，依照自然条件，农业生产进一步专业化，形成了一些著名的生产带，如畜牧业主要集中在五大湖地区，小麦生产主要集中在中部地区，棉花生产主要集中在东南部地区。这种不同的区域分工使美国农业生产能够发挥比较优势，从而降低了生产成本。同时，美国农产品商品率不断得到提高，从1910年的70%提高到1930年的85%、1950年的91%。

第三阶段：农业生产率极大提高和农产品过剩。从第二次世界大战到20世纪90年代，美国农村逐步实现了农林牧渔综合发展、农工商运营一体化的现代农村产业结构，并形成了一个产前、产中、产后各个环节紧密联系的有机体系，完善了教育、科研和技术推广"三位一体"的农业科技推广体系。这使农业劳动生产率得到进一步提高，农业生产出现严重过剩，同时整个生态自然环境也进一步恶化。因此，又产生了限制生产的三项政策，即限耕、限售和休耕。这些政策的实施，在一定程度上缓解了粮食过剩的危机，保证了粮食市场的稳定持续发展。

第四阶段：扩大出口。20世纪90年代以来，随着生物技术的发展，美国农业的生产率又进一步提高，国内市场已经严重饱和，原有国内农业政策调整已经逐步失效。为此，美国政府大力开拓国际市场，千方百计为农产品出口创造条件，推动农产品出口。美国农业出口政策的战略性调整主要着眼于：调整农产品出口方向，把过去面向欧洲的出口重点，逐步转向面向亚非中等收入国家以及发展中国家；进一步大力提升高附加值农产品的比例；努力打破出口障碍，迫使别国降低农产品进口关税并减少农业补贴。这一系列政策的实施，在一定程度上解决了国内市场供大于求和农产品过剩的问题，同时为国内创造了大量的外汇收入和就业机会。

2．农业结构调整的政策措施及效果

（1）通过国家农业立法、颁布农业政策保障农业的发展

美国国会先后制定了一系列有关农业的法律和政策，为指导农业发展建立了比较完整的法律体系与政策体系。就农业法律政策来说，主要包括《宅地法》《农业法》《农业调整法》《新农业法》等几百部有关农业的法律和农业信贷政策、资源保护政策、农业价格政策和收入支持政策、农产品贸易政策等，这一系列的法律政策为美国提高农业生产率、增加和稳定农场收入、提高社会福利和促进农村发展起到了保障作用。

（2）实施农业宏观调控

自20世纪30年代美国经济大萧条时期推行《农业法》以来，美国政府一直使美国的农业处于政府的宏观调控下。美国农业的宏观调控措施主要体现在以下四个方面：一是建立政府宏观调控机构（商品信贷公司），通过联邦储备体系，保护农民的权益不受侵犯。二是提供充足的财政支持。美国每年的农业预算是第二大政府预算，仅少于美国的国防预算。三是实行农场主"自愿"的农业计划。运用价格干预、国家税收、信贷管理、补贴以及产量定额分配等手段，对农业生产资源配置、农产品价格进行有效的调节。四是通过市场机制进行宏观调控。美国政府不对农业生产消费进行直接干预，只对农业中公共领域进行调节，如农业科研、农产品进出口政策、生态环境等，对农业的宏观调控真正做到了通过市场机制来进行调节。

（3）形成农业生产的区域化布局和贸工农一体化的组织格局

农业生产区域化布局充分挖掘与利用好自然资源的禀赋特点，确定其生产的主要类型和方向，专门生产一种或几种农牧产品，形成比较优势。美国农业普遍采取集中生产、分散供应的模式，在全国形成了几个专业生产区。主要有东北部和"新英格兰"的牧草和乳牛带、中北部玉米带、大平原小麦带、南部棉花带、太平洋沿岸综合农业区。加利福尼亚州以生产水果、蔬菜为主，畜牧业主要集中在五大湖地区，小麦生产主要集中在中部地区等。同时美国农场按照批发商订购合同只生产一种或几种农产品，单项品种日趋专业性。加工商按照批发商对农产品质量或规格要求进行加工，或只从事某一生

产环节。最后由批发商通过批发市场组织销售，从而实现了贸工农一体化的组织格局。

(4) 建立完善的农业社会化服务

美国的农业社会化服务体系比较健全，从教育、科研、推广，到生产资料购买、产品加工销售，到相关的保险信贷、信息咨询等，深入农业的各个方面。例如，美国政府通过农业的教育、科研和技术推广，形成了极有特色的"三位一体"的农业科技推广体系，真正做到了教育、科研、推广和生产的结合，相互促进，增强了工作的有效性。

(二) 欧盟

欧盟主要是通过欧盟共同农业政策促进农业生产和发展。1962年诞生的欧盟共同农业政策主要通过价格支持体系有效提升了欧盟农业生产力，并取得了显著的成效。1993年，欧盟农业政策改革从支持农业生产转变为更加关注农村发展，具体表现为从产品支持转向生产者支持，而且开始考虑加强对环境的保护。《2000年议程》进一步削减价格支持，通过发展生态农业、保护农业环境等措施，提出对农场进行直接收入补偿，加大农业的多功能开发，以促进农业和农村的可持续发展。到2008年，欧盟综合考虑环境保护、动物福利和食品安全等因素，采取了与产量脱钩的农业补贴政策。2011年，欧盟委员会公布了欧盟共同农业政策改革新草案，提出了新的直接支付计划、市场化管理机制、农村发展和监督管理四大政策要素。2013年，欧洲议会通过了《2014—2020年共同农业政策改革法案》，将直接支付与环境措施挂钩，仅给予从事农业的农民，且杜绝双重支付，支持青年农民及小农，加强农民组织地位，食糖、葡萄种植及牛奶配额逐步取消。这使欧盟农业未来将朝着更加绿色、公平，更能适应市场挑战的方向发展。总体来看，欧盟对于农业结构调整政策措施表现在以下几方面，并取得了很好的政策效果。

1. 长期实行农业结构调整政策，扩大农业经营规模

除了英国，其余欧盟各国的农业以家庭经营为主，农业经营规模偏小，影响了农业的效率和竞争力。因此，为了促进农业发展，提高农业的竞争力，20世纪50年代以后，欧盟各国长期普遍实行了扩大农业经营规模的"农业结构政策"，使农业的经营规模不断扩大。

联邦德国从50年代开始实施大规模的"土地整理"。1954年，联邦政府颁布了《土地整理法》，县级以上政府都设立土地整理局，引导农户通过交换、买卖、出租等方式使地块相对集中，经营规模扩大。自1969年开始，给出售土地、长期出租土地、退出

农业经营的农民发放专门的补助金。自1989年开始，在西部实施农民提前退休制度，鼓励老农提前退休，将土地集中到年轻的有生命力的农户手中。自1995年开始，德国东部新州也实施统一的农业保险制度。

英国从20世纪初即通过立法手段，促进农业经营规模扩大。为了克服封建土地所有制对土地流转和农业经营规模扩大的制约，英国政府先后通过立法确定农民的经营自主权、租金协议权和土地投资保护权，且佃户有权将自己与地主的冲突提交各邦农业委员会仲裁解决，这对于改善农民地位、促使大地主庄园制逐步解体发挥了主要作用。规定对进行合并的农场，政府给予50%的合并费用，对放弃农业经营的农场主，政府给予不高于2 000英镑的补偿，同时提供转业培训和资助，正是这一系列政策使英国的农场经营规模在1995年平均达到70.1hm^2，远高于欧盟十五国平均17.5hm^{2}的水平，成为欧盟农业经营规模最大的国家。

2．扶持农业合作经济组织，促进农业产业化健康发展

由于欧盟各国不利的农业自然资源禀赋，经营规模偏小成为制约各国农业发展的重要因素。为了弥补这一不足，欧盟各国大力扶持农业合作经济的发展，使之在促进农业产业化经营过程中发挥了重要作用。20世纪50年代以来，农业合作经济发展迅速，经营范围涵盖了农业的供、产、销，农产品加工、信贷、保险、社会化服务等各个环节，绝大多数农户进入了不同类型的农业合作社。有些农户同时参加多个合作社，甚至一些城镇居民也加入合作社。农业合作经济在降低市场风险、扩大农业经营规模、提供社会化服务、提高农业的市场竞争力和农业经营的效益等方面发挥了积极作用。主要措施包括：

1867年，德国制订了第一部有关合作社的法律，以后又经不断修改和完善。合作社法在各类合作社的成员组成、经营宗旨、资金入股、经营原则等方面作出了明确规定，使合作社走上规范化的发展轨道。

为了鼓励农户参加合作社，政府对合作社在经济上实行优惠与扶持政策。如对合作社的利润实行减免税，合作社可以获得政府的贴息贷款。正是在一系列政策与法律的支持下，欧盟各国的农业合作经济得到了巨大的发展，在农业经济活动中占据了很大的份额。各国农业合作社在销售农产品、提供农业生产资料和农业贷款方面的份额分别为30%～85%、40%～60%、75%～95%。农业合作社的规模也不断扩大，许多农业合作社已发展为产值高达几十亿美元的大型跨国公司，极大地拓展了农业发展的空间，提高了

农业的经营效益，为参加合作社的农户带来了可观的经济利益。

3．实行农产品价格保护政策和收入补贴政策，提高农业经营者收入

欧盟各国由于农业规模总体偏小、农产品生产成本较高，为了保证农户利益，对农产品价格进行高强度的补贴。欧盟农产品价格支持政策的主要形式是农产品价格保护制度，政策法律依据是欧盟共同农业政策，实施的办法是每年4月初，欧盟各国的农业部长开会共同讨论制定农产品保证价格。当农产品供过于求、价格下跌时，农民可以按"保证价格"向政府出售农产品（20世纪70年代联邦德国的农产品"保证价格"仅比市场价格低3%左右）。政府将收购的粮食存入国家粮库，在农产品歉收、市场供不应求时投入市场，保证市场供应与粮价稳定。对于不易贮存的鲜活农产品，由政府收购后实行定量销毁或由农户直接销毁，政府给予补贴，以控制市场供给量。价格补贴的另一途径是农业生产资料补贴。20世纪50年代，联邦德国政府对农民购买化肥给予12%～14%的价格补贴。1956—1963年，政府共支付18亿马克的化肥补贴。自1956年开始，政府对农民购买农业机器的燃料给予23%～50%的补贴，占农用燃料支出的1/3以上。欧盟除了各种农产品价格干预措施，还给予农户各种补贴，如月补贴、休耕补贴、出口补贴、环保补贴以及对农民修建公共设施和住房等给予资助，同时给予农民税收优惠并建立农村社会保障制度，以提高农户的收入水平、缩小城乡收入差别。

4．运用优惠的财政、金融政策支持农业结构调整

欧盟将财政、金融政策作为重要的调节手段，并且综合运用这两种政策工具，使其在农业结构调整过程中发挥了十分重要的作用。第一，财政手段主要有财政支出、税收优惠和向欧共体共同农业政策的缴款返还三种方式。20世纪60年代中期，联邦德国国家预算中用于农业的支出达到7%，而来自农业的所得仅为0.7%，二者之比为10∶1。随着国家经济实力的提高，预算支出中用于农业的拨款总额也在不断增加。到1979年，联邦德国政府农业预算支出比1959年增加了近10倍。法国在20世纪60年代中期，国家预算得自农业的收入与用于农业的预算支出之比也达到1∶5.5。第二，金融手段主要有利率优惠、贷款期限和用途。在优惠金融政策的支持下，欧盟各国的农业政策性金融事业发展迅速，农业投入不断提高。如法国农业信贷银行凭借政府的支持，资金实力日益雄厚，在全国设立了94家地区分行和3 000多家地方分行，基层办事处达到10 000多家。同时，农业信贷合作社实力不断增强，使法国平均每22户农民家庭就拥有一个信贷员，形成了遍布全国的农业信贷网络，充分满足了农业发展对信贷的需求。60年代以

来，政府对符合政策要求和目标的农业信贷需求都给予优惠贷款，其利息由财政补贴。据1988年的统计，当年国家预算用于农业的利息补贴达39.7亿法郎，占当年优惠贷款利息补贴总额的28.2%。

（三）日本

日本是实行农业保护最早的国家之一。第二次世界大战后，通过一系列法律法规的制定和农业保护政策的出台，日本农业逐渐迈向现代化。20世纪60年代，日本国民生活水平不断提升，民众对农产品的需求越发多元化、高端化。日本国内粮食供需数量、品质和种类严重不对称，进口日趋增多，自给率呈下降趋势。1980—2012年，日本谷物自给率从33%下降到27%，热量自给率从53%下降到39%。由于国内产出不能满足消费者需求的增长，日本对农产品进口采取"有保有放"的策略，即对主要由日本出产、对于粮食安全具有核心作用的农产品实行严格的进口限制，而对玉米、大豆及其他农产品实行自由贸易，采取完全开放的进口策略。

1. 通过土地制度改革促进规模经营

第二次世界大战以后，日本通过土地制度改革，逐步建立起以农户家庭经营为主的土地制度。随着经济的发展，规模狭小的农地家庭经营模式越来越不适用农业发展的需要。为此，日本对农地政策进行调整。日本农地政策的基本趋向是促进农村土地流转与集中，以此扩大农户经营规模。日本1961年出台的《农业基本法》明确把以调整土地经营规模为中心的"结构政策"摆在农业政策的首位，其后又通过一系列的法律来促进农户经营规模的扩大。1962年、1970年和1982年分别对《农地法》进行了修改，1980年日本政府颁布了《农地利用增进法》，1995年出台《经营基础强化法》，这些法律有一个共同特点，即促进农地向有能力的经营者手中集中，扩大经营规模，实现农地资源的有效配置。2009—2012年，日本先后修订了国内的《农地法》，制定了《粮食、农业、农村基本计划》《重建日本食物及农林渔业的基本方针与行动计划》和《重建日本战略——农林渔业重建战略》。这一系列动作的最终目标是扩大农业经营规模，并期望通过扩大经营规模提升农业竞争力和对劳动力的吸引力。同时，日本政府还对这一目标进行了量化：一是扩大经营规模，通过10年努力将平原地区经营规模扩大至 $20\sim30\mathrm{hm}^2$，将丘陵山区经营规模扩大至 $10\sim20\mathrm{hm}^2$；二是通过扩大生产规模、提高生产技术，力争使日本国内农业生产平均成本下降40%；三是通过扩大规模、提高农业收益水平，吸引

认证农户、农业企业和村经营组织新兴经营主体，将40岁以下农民由目前的20万人扩大至40万人，将农业企业数量由目前的1.25万个增至5万个，将认证农户、农业企业和村经营组织拥有的耕地数量从目前的50%提升至80%。

2．运用农业补贴制度保障农民收益

日本对农业的补贴已经超过了农业收入，农业补贴政策体现在以下四方面：第一，政策性农业保险。日本农业保险制度的特点是具有强制性，即由政府直接参与保险计划，规定凡是生产数量超过规定数额的农民和农场都必须参加保险。政府对农作物保险、家畜保险、果树保险、旱田作物及园艺设施保险实施再保险。对具有一定规模的农户，如水稻为2万～4万m^2、旱稻和小麦为1万～3万m^{2}耕作面积的农户，都强制性地要求其加入农作物保险。为了农业保险制度的稳定运行，政府每年承担农户保险费的一半，另一半由农业保险合作社或开展农业保险业务的市、町、村的事务费的一部分承担。第二，收入补贴。农业补贴政策从过去以生产、流通环节为主，转变为以支持提高农民收入、促进农业结构调整为主的政策。其中最主要是对山区和半山区的直接补贴。为了振兴山区、半山区农业，日本政府于2000年出台了《针对山区、半山区地区等的直接收入支付制度》，对该地区的农户进行直接收入支付补贴。政府还制定了"稻作安定经营策略"，对种稻农民进行收入补贴。第三，农业贷款补贴。虽然此类补贴不直接支付给农户，而是当农户按一定条件向有关金融机构获得低息贷款时，政府依据该贷款利率低于正常市场利率的差额，对这些金融机构进行补贴，但是它缓和了农业资金短缺的问题。第四，机械设备补贴。日本政府不但对联合引进农业机械的农户给予补助金和长期低息贷款优惠，而且还通过援助农业协同组合和其他农业组织的方式，促进农业机械的共同所有和共同利用。

3．粮食生产调整政策

20世纪50年代末，随着国民收入的增加，日本民众的饮食结构发生了变化，加大了对水果、蔬菜、肉类、蛋禽、乳制品等的需求。同时，随着高度经济发展，小麦、玉米、大豆等的粮食和饲料的进口有了很大的增加，饮食结构进一步多样化，人均大米消费量有了减少。在60年代末，大米产大于销，但是大米的价格依然维持原状，这增大了政府负担。因此，从1970年开始，日本确立了"推进综合农政"的基本方针，实施了减少大米种植面积的政策，对大米的生产进行了政策调整。该政策实施旨在减少水稻种植的"稻田转移计划"，鼓励稻农将稻田种植小麦、水果、蔬菜等其他作物。1998年

实施的"结构调整促进计划"是该计划的延伸。"结构调整促进计划"规定，如果稻农将一定的面积的稻田种植政府规定的作物，将获得一定的补偿。每一年政府均会出台详细的补偿指导政策。根据该政策稻农种植水稻作为饲料（包括秸秆）或种景观稻也可以获得一定数量的补贴。参加该项目稻农交纳40 000日元/hm²费用组成共同的补偿基金，同时政府为该项目提供大部分的经费。

实施减少大米种植面积政策以来，政府控制的政府米数量有了减少，但是在市场上自由流通的大米比重有了明显提高。20世纪80年代前期，从数量上来看，两者已经持平。国家的粮食管理制度已经在某些地方发生了变化。不过国家在大米补贴方面的财政负担依旧很大，政府不得已制定实施了被称为"综合农政"的计划。第二次世界大战后，进行农地改革，创造了以自作农为中心的农业结构。这对期待通过农地租用而进行企业式农业生产的农民来说，遇到了法律上的问题。为此，1970年，对抑制农地租借、移动的《农地法》进行了修订；1980年，制定了《农业用地增进法》，为通过农地的租借而扩大经营规模开辟了道路。

日本不断推进农业结构改革，但其效果并不明显。从经营主体和规模两个关键指标来看，前者出现的是兼业农户数量的急剧增加与农业劳动力的老龄化问题。从数据上看，1961年兼业农户占全部农户数量的72.7%，但在1990年引入新统计方法前的1989年，该比率上升至85.6%，其中农业收入为辅的兼业农户比率由1961年的41%上升至72%。1990年日本农业就业人口中65岁以上人口比例由1970年的17.6%上升至35.6%，到新基本法实施的2000年上升至52.3%，超过一半。经营规模方面，由于大部分农地仍然由占大多数的兼业农户所有，平均经营规模没有出现明显增加。从数据上看，经营面积未满1hm²的小规模农户所占比例1960年为70%，30年后的1990年仍为68.5%，几乎没有变化；2hm²以上规模的比例由1960年的6.3%略增至1990年11.1%，1990年全日本平均农业经营规模为1.4hm²，相对于1940年仅增加了0.2hm²。

二、促进农业结构优化的政策建议

（一）建立有利于结构优化的功能区政策

为确保"谷物基本自给、口粮绝对安全"以及棉、油、糖等重要农产品的供给安

全，在借鉴美国、日本等发达国家和地区经验，总结我国浙江等地方实践的基础上，应加快建立粮食生产功能区和重要农产品生产保护区，实施特殊保护政策，布局永久性"粮仓"，稳定我国农业基础结构。功能区应主要在基本农田范围内划定、优先在已建成的高标准农田范围内划定，不仅落实到基本农田或高标农田中的具体目标地块，还要锁定相应的具体目标作物产能任务，建成确保国家粮食安全及重要农产品安全的核心防线，固化功能区耕地空间，实施更加严格的耕地保护制度，长久稳定核定地块功能用途不变，控制耕地资源开发强度和利用方式，有效阻止优质耕地非农化和非粮化流失，制约生态空间被挤占进程，推进形成合理生产、生态和生活"三生"用地空间格局，确保粮食及重要农产品供给安全。

（二）完善有利于结构优化的价格调节机制

从世贸组织规则来看，价格支持属于"黄箱"补贴范畴，扭曲市场机制，不利于公平贸易。但我国人多地少、粮食等重要农产品竞争力不强的国情，决定了在一定时期内，还要对口粮等重要农作物农产品给予一定的价格支持。从目前来看，粮食等重要农产品收储机制存在"一刀切"、对市场价格变动响应不足等问题，不能及时引导结构调整。为此，要进一步明确粮食价格补贴理念，调整长期以来对粮食价格补贴保供给和促增收政策目标兼而有之、同等重要的做法，确定政策目标的优先序，集中力量解决突出问题，最大限度地发挥粮食价格补贴效果。当前，粮食价格补贴不应再承担保收益功能，应将其定位为"解决农民卖粮难"，这样通过逐步消除对市场的干预和扭曲，最终建立粮食价格由市场供求形成的机制。同时，尽快改革完善最低收购价政策，推行市场化改革是农业支持政策发展的方向。我国大豆和玉米分别于2014年和2016年退出临时收储政策，稻谷、小麦最低收购价政策也应尽快完善，以对不同时期、不同区域的市场，做出良好响应。

制定农产品国际贸易调控策略。加强进出口调控，根据国内外市场供求情况，把握好等农产品进口节奏、规模和时机，有效调剂国内市场供应，满足消费需求。统筹谋划农产品进出口，科学确定油料、饲料和草食畜产品等紧缺产品的进口规模及优势农产品的出口规模，合理布局国际产能，建立海外稳定的重要农产品原料生产基地。

（三）建立有利于结构优化的精准绿色补贴政策

当前，我国农业生产补贴制度已经不适应形势变化，特别是补贴主体、补贴范围与实际需求错位，客观上阻碍了农业生产力的提高和资源环境的改善。为此，必须全面推行农资综合补贴、种粮农民直接补贴和农作物良种补贴农业"三项补贴"改革，鼓励各地创新补贴方式方法，促进结构优化。应试点推进对种粮农民进行直接补贴。我国现阶段尚不具备全面大规模补贴粮食的能力，从国际经验看，也没有哪个发达国家能够完全承担巨额粮食补贴资金需求。因此，对种粮农民直接补贴的原则是：补贴重点是口粮；补贴必须有明确的地域指向，即条件好、生产规模大、比较优势明显的主产区；补贴对象是实际种植者，通过补贴保障农民的种粮收益；补贴有利于提高单产和品质的环节，提高补贴精准性、指向性。

消除或弱化与品种挂钩的农业生产补贴制度，是世界农业支持手段变化的基本趋势。目前，我国应加强对绿色生产技术、模式和制度的补贴，将补贴重点从扩大产量转移到质、量并举上来，加强对农地生态环境保护、用地养地结合、耕作制度适宜、生产能力提升等环节的支持，构建新型绿色农业补贴政策体系。

1．支持建立耕地轮作制度

各地积极探索发展粮饲轮作、粮豆轮作和粮经轮作等轮作制度，逐步扩大粮改饲试点范围，以养带种，农牧结合，促进饲草生产与畜牧养殖协调发展。在保持存量补贴政策稳定性、连续性的基础上，优化支出结构，加强统筹协调，提高补贴资金使用的指向性；增量资金重点向资源节约型、环境友好型农业倾斜，促进农业结构调整，加快转变农业发展方式。

2．支持提升耕地等重要农业资源的质量建设

支持各地采取"养""退""休""轮""控"综合措施，探索耕地保护与利用协调发展之路。加强耕地质量监测网络建设，开展全国耕地质量等级调查评价与监测，作为政府考核评价依据。试点建立新型农业经营主体信用档案，对经营期内造成耕地地力降低的农业经营者，限制其享受有关支农政策。完善耕地质量保护与提升补助政策，支持各类农业经营者开展土壤改良、地力培肥和治理修复等工作。加大对轮作休耕试点的补助支持力度，保证农民种植收益不降低。

3．支持粮棉油主产区基础设施建设

在支持粮食主产区重大水利工程建设的基础上，加大对农田水利设施建设的扶持力度，大力扶持田间水利设施建设，加快提高农田灌溉水平；扶持粮食主产区进行大规模土地整治，实行田、水、路、林综合治理，推进中低产田改造，建设高标准农田，重点

开展黑土地保护治理工作，遏制黑土地资源萎缩趋势。加大对粮棉油等重要农产品生产大县财政转移支付力度，促进区域农业发展和农民增收。

4．推进农业生态补偿

总结当前农业生态补偿的实践探索和国内外成功经验，提出适合我国的农业生态补偿路径选择，适时出台农业生态补偿指导意见，制定农业生态补偿规章条例，明确农业生态补偿的主体、对象、方式等内容，通过顶层框架设计，形成一整套规范化、制度化的生态补偿体系。因地制宜地选择典型区域设立试验示范区，通过政策、资金、技术等扶持，引导和整合各类资源要素，在补偿模式、补偿标准、资金来源、运行机制、绩效评价等关键问题上进行全方位实践探索，为制定推广农业生态补偿制度提供参考依据。建立农业生态补偿公众参与机制、绩效考核机制，确保农业生态补偿体系高效运作并接受公众监督，并纳入政府工作绩效考核范畴，明确农业生态补偿的权、责、利，形成长效机制。

（四）建立有利于结构优化的金融政策

围绕"转结构、调方式"，加大对农业生产主体及农业基础设施建设、生态保护、加工增值、市场流通等重要环节的金融支持。充分发挥金融在农业结构调整重点环节的作用，以扶贫金融服务、高标准农田建设、国家重大水利工程和农村公路等农业基础设施为支持重点，创新支农融资模式。充分发挥政策性银行在金融支农中的主导作用，在确保国家粮食安全、保证粮棉油收购资金供应的同时，立足扶贫金融服务以及农业和农村基础设施、国家重大水利工程金融服务，加大对农业的信贷投放力度。积极引导商业银行稳定县域网点，单列涉农信贷计划，下放贷款审批权限，健全绩效考核机制，强化对"三农"薄弱环节的金融服务。加快建立政府支持的"三农"融资担保体系，建立健全全国农业信贷担保体系，为粮食生产规模经营主体贷款提供信用担保和风险补偿。引导小贷公司、网贷机构、农民资金互助组织加大涉农投入。

（五）建立有利于结构优化的利益联结机制

引导鼓励，促进产业链上中下游、各类利益主体形成更有效的组织方式和利益联结机制，把一、二、三产业的发展更好地结合起来，融为一体，相互促进，实现共赢。在上游生产环节，支持、鼓励生产者通过农业专业化服务体系的建立，服务规模化的农业规模经营；支持、鼓励通过农作制度的创新，形成粮经结合、种养结合等复合型、立体化的农业规模经营；支持鼓励通过农业的纵向融合和产业化经营，形成纵向一体化的农业规模经营。

创新体制机制，激发一、二、三产融合的活力。在农业合作制基础上引入股份制，比如，农民可以出资入股，建立股份合作社，以股份合作制的形式进入农业的二、三产业，直接获得经营农业下游的收益；鼓励工商企业（资本）在农业纵向融合中进入适宜的领域，与农民建立利益共同体和共赢机制。所谓农业中工商企业（资本）适宜的领域，应该是农户家庭或农业合作组织不具优势的领域，如农产品深加工、现代储运与物流，品牌打造与统一营销等领域；在农业转型发展和纵向融合中深化改革和提高政策效率，破解现行农村土地制度、农业金融制度和农民组织制度对农业转型发展和纵向融合的制约；完善利益联结机制，让农民从产业链增值中获取更多利益，合理分享初级产品进入加工销售领域后的增值利润。

（六）建立有利于结构优化的农业保险机制

扩大农业保险覆盖面，增加保险品种，提高风险保障水平。重点发展关系国计民生和国家粮食安全的农作物保险、主要畜产品保险、重要"菜篮子"品种保险，积极推广农房、农机具、设施农业、渔业、制种保险等业务。总结主要粮食作物、生猪和蔬菜价格保险试点经验，完善保险制度，鼓励各地区因地制宜开展特色优势农产品保险试点。探索开展重要农产品目标价格保险，创新研发天气指数、农村小额信贷保证保险等新型险种。完善保费补贴政策，提高中央、省级财政对主要粮食作物保险的保费补贴比例，逐步减少或取消产粮大县的县级保费补贴。加快建立财政支持的农业保险大灾风险分散机制，增强对重大自然灾害风险的抵御能力。

参考文献

陈印军，易小燕，方琳娜，等，2016．中国耕地资源与粮食增产潜力分析 [J]．中国农业科学（6）：1117-1131．

陈永福，韩昕儒，朱铁辉，等，2016．中国食物供求分析及预测：基于贸易历史、国际比较和模型模拟分析的视角 [J]．中国农业资源与区划（7）：15-26．

陈永福，韩昕儒，2016．中国食物供求分析及预测 [M]／／罗丹，陈洁．新常态事情的粮食安全战略．上海：上海远东出版社：467-505．

程国强，2013．中国农产品供需前景 [J]．中国经济报告（9）：39-42．

程郁，周琳，程广燕，2016．中国粮食总量需求2030年将达峰值 [N]．中国经济时报，12-01（智库）．

范锦龙，吴炳方，2004．基于GIS的复种指数潜力研究 [J]．遥感学报，8（6）：637-644．

高强，孔祥智，2014．中国农业结构调整的总体估价与趋势判断 [J]．改革（11）：80-91．

光大期货，2015．玉米库存积压问题未解决 [N]．期货日报，11-13（3）．

胡小平，郭晓慧，2010．2020年中国粮食需求结构分析及预测：基于营养标准的视角 [J]．中国农村经济（6）：4-15．

黄季焜，2013．新时期的中国农业发展：机遇、挑战和战略选择 [J]．中国科学院院刊（3）：295-300．

李国祥，2014．2020年中国粮食生产能力及其国家粮食安全保障程度分析 [J]．中国农村经济（5）：4-12．

梁书民，2007．我国各地区复种发展潜力与复种行为研究 [J]．农业经济问题（5）：85-90．

刘江，2000．21世纪初中国农业发展战略 [M]．北京：中国农业出版社．

刘巽浩，1997．论我国耕地种植指数（复种）的潜力 [J]．作物杂志（3）：1-3．

陆文聪，黄祖辉，2004．中国粮食供求变化趋势预测：基于区域化市场均衡模型 [J]．经济研究（8）：94-104．

吕新业，胡非凡，2012．2020年我国粮食供需预测分析 [J]．农业经济问题（10）：11-18．

倪洪兴，2013．农业利用两个市场两种资源战略研究 [R]．北京：农业部农业贸易促进中心．

倪洪兴，于孔燕，徐宏源，2013．开放视角下中国大豆产业发展定位及启示 [J]．中国农村经济（8）：40-48．

聂宇燕，2011．中国农产品产地初加工存在的问题及对策 [C]．第一届全国农产品产地初加工学术研讨会，镇江．

农业部农产品加工局，2015．关于我国农产品加工业发展情况的调研报告 [J]．农产品市场周刊 (23)．

农业部农产品贸易办公室，农业部农业贸易促进中心，2014．中国农产品贸易发展报告2014 [M]．北京：中国农业出版社．

农业部农业贸易促进中心，2015．近年来我国农产品贸易变化趋势特征分析 [EB/OL]．(05-28) [2018-07-09]．http：//www．agri．cn/V20/SC/myyj/201505/t20150528_4621361．htm．

农业部软科学委员会办公室，2013．粮食安全与重要农产品供给 [M]．北京：中国财政经济出版社．

农业部市场预警专家委员会，2016．中国农业展望报告：2016—2025 [M]．北京：中国农业科学技术出版社．

唐华俊，李哲敏，2012．基于中国居民平衡膳食模式的人均粮食需求量研究 [J]．中国农业科学，45 (11)：2315-2327．

童泽圣，2015．我国粮食供求及“十三五”时期趋势预测 [J]．调研世界 (3)：3-6．

万宝瑞，倪洪兴，秦富，等，2016．大宗农产品国内外价差扩大问题与对策 [EB/OL]．(12-13) [2018-07-09]．http：//www．ncpqh．com/news/getDetail?newsclass=6&id=388615．

王川，李志强，2007．不同区域粮食消费需求现状与预测 [J]．中国食物与营养 (6)：34-37．

王东阳，2014．居民食物营养结构亟须调整 [N]．光明日报，02-26．

王瑞元，2015．2014年中国油脂油料的市场现状 [J]．粮食与食品工业 (3)：1-5．

杨建利，岳正华，2014．2020年我国粮食及主要农产品供求预测及政策建议 [J]．经济体制改革 (4)：70-74．

尹靖华，顾国达，2015．我国粮食中长期供需趋势分析 [J]．华南农业大学学报：社会科学版 (2)：76-83．

赵萱，邵一册，2014．我国粮食供需的分析与预测 [J]．农业现代化研究，33 (3)：277-280．

钟甫宁，向晶，2012．城镇化对粮食需求的影响：基于热量消费视角的分析 [J]．农业技术经济 (1)：4-10．

周振亚，2015．基于平衡膳食的中国主要农产品需求量估算 [J]．中国农业资源与区划，36 (4)：85-90．

周振亚，李建平，张晴，等，2011．基于平衡膳食的中国农产品供需研究 [J]．中国农学通报，27 (33)：221-226．

OECD，FAO，2016．OECD-FAO *Agricultural Outlook* 2016 [EB/OL]．(07-04) [2018-07-09]．http：//dx．doi．org/10．1787/agr_outlook-2016-en．